照明设计与应用

姜兆宁　刘达平　著

江苏凤凰科学技术出版社

南　京

序

很多时候，喜欢或讨厌一个人，自己也说不清楚到底为什么，最后一切原因都被归结为"感觉"。

其实，对好的环境而言，也是如此。而那个决定"感觉"的因素，正是绝大多数人很少重视的环境要素——照明。

我是个对照明品质非常敏感的人。在餐厅吃饭时，遇到房间中混合使用色温冷暖天壤之别的光源，我会感到非常难受。许多人到现在还分不清照明中色温与亮度的关系，甚至在过于明亮或昏暗的空间中浑然不知地度过人生的每一天。许多酒店床上方的阅读灯，经常采用直射的方式，刺痛人的双眼。多年来，每次路过北京亮马桥的德国学校，我都会被那栋建筑中投射出的干净、明亮、温暖而不昏黄的灯光吸引，而那种色温的灯光，对于绝大多数人而言，并不拥有。

在过去十年间，这些情况改变的速度，非常缓慢。

七八年前，我微博的一位"粉丝"私信问我："为什么许多美国电影中的家居环境温暖、柔和但不昏暗？"后来，我数了几十部美国影视剧中人家的起居室（living room），发现每个起居室平均有 3.6 个光源（包括台灯、落地灯、壁灯等）。从那之后，我明白了一件事：照明是一件非常有讲究的事，灯光的冷暖、明暗，光源的位置关系、照射角度、数量，这些要素需要非常精准地体现出来，一个房间才能呈现出它最好的状态，以及它应有的氛围。

据我观察，近一两年来，人们对照明的认知和实践，正发生潜移默化的改变，开始关注和重视照明的各种细节。许多专业且智能化的照明产品应运而生。这是一场从需求到供给的全面变革，产业链的上下游等待这一天已经太久了。

你手里的这本书，全面而到位地讲解了照明的相关知识，包括你知道的一些基础常识。无论你是一名设计师，还是一名希望拥有舒适环境的读者，我相信这些常识一定能帮助你拥有更好的居住环境。

在色彩、风格、材质、空气质量之外，照明是下一个你一定要付诸实际行动去改善的环境要素，读完这本书，从明天就开始做吧！

好好住创始人　冯骕

2020 年 7 月

前言

　　舒适的家庭或商业光环境，一方面需要好的照明产品，另一方面也需要专业的照明设计。只有同时拥有好的照明产品和好的照明设计，才能真正提升光环境品质及用户的光环境体验。过去，好的照明产品及专业照明设计师，更多是为商业物业或高端别墅业主等少数客户服务。中国的大部分家庭用户，其实并没有机会获得这样的服务和体验，导致众多的中国家庭用光环境不尽如人意，甚至影响了他们正常的生活和健康。

　　近年来，照明行业的产品在技术方面已经发生了显著的变化。随着物联网技术的低成本化，智能照明控制成本大幅下降，已经具备了走入千家万户的可能性。越来越多的照明公司开始进入智能行业，为消费者提供了丰富的智能产品选择。同时我们也看到很多原来应用在商业领域、专业领域的照明产品理念，如专业透镜等技术现在已经逐渐应用到了家用级产品上，使得家居照明设计的选择空间大大扩展。尽管市面上智能照明产品的品牌和种类繁多，但是也存在良莠不齐的情况，设计师们也需要在众多知名照明品牌和产品中获得选择产品的指导方针。

　　当下我国照明设计的专业书籍和杂志不多，特别是符合家庭消费者使用习惯的，能够发挥出智能照明应用优势的书籍就更少了。工作在一线的家装设计师和照明设计师迫切需要一本针对中国家庭用户的实操性智能照明手册来提高服务水平，以便让更多的消费者体会到智能照明的乐趣。

　　针对这些问题，本书在简要介绍照明基础理论的基础上，重点通过场景解析、实操步骤详解等方式，深入浅出地介绍了如何进行智能照明场景设计，如何让智能在照明设计中发挥最大的优势，以及如何在众多智能照明产品中选择适合不同用户需求的产品。希望本书的出版，能够填补市面上智能照明设计类书籍的空白，能够让更多的照明设计师和家装设计师快速上手。

本书充分利用互联网和短视频的相关技术，制作了相关场景演示和实操步骤讲解视频，读者只要扫描封面勒口的二维码，即可通过在线视频的方式进行观看。如在阅读本书的过程中和实际应用中遇到困难，都可以通过留言与我们交流。希望这种全新的互动方式，能够减少更多设计师朋友对于使用智能产品的困惑，更快地完成转型升级，让智能照明走向千家万户。

最后，感谢许愫瑶、王清强等几位同事在本书编写期间给予的支持和帮助，以及易来照明设计专家史亚超提供的专业指导。同时，感谢照明设计公司 LEOX 的设计师秦澄懿提出的修改意见。希望本书能让越来越多的朋友深入了解智能照明行业和智能照明设计。

Yeelight 易来　姜兆宁

2020 年 7 月

目录

1

照明基础知识

光是时间的载体和空间的灵魂，给我们光明和温暖。无论是自然光还是人工光，其光线与空间的交融，在不同的时间演绎不同的光影效果。我们因此感受到时光的流转与空间的氛围。

对照明设计而言，人、环境、光，三者是相互关联的（图 1.1）。好的照明设计，是遵循自然，以人性为基准，让人身处其中感觉舒适；是室内设计的一部分，用光影凸显空间的层次感和美感；是用光环境辅助人的情感互动，让我们沉浸于生活的仪式感。

图 1.1　家居照明设计

1.1　亮度

照明设计的前提是对光的充分理解。无论是自然光，还是人工光，无论是传统的照明设计，还是智能照明设计，光的"语言"是不变的。为了更好地理解本书后几章的内容，本章将介绍几个光学基本概念以及每个概念在照明设计中的意义。这些基本概念是做照明设计的必备知识，会在本书后面的内容中反复出现。

亮度（luminance，单位为坎德拉每平方米，即 cd/m^2）是表征发光面或反光面发光强弱的物理量。通俗地说，亮度是人在看到光源时，眼睛对光的强度的感受。所以，它是一个主观的量，也是唯一由眼睛感知的基础照明参数。人们通常在表达自己对一个房间照明情况的直接感受时会说"这个房间太亮了""这里光线不足，太暗了"等，其实此时说的就是"亮度"。图 1.2 展示了低亮度和高亮度下的家居空间效果。

照明设计与应用

低亮度

高亮度

图 1.2　低亮度和高亮度下的家居空间效果（图片来源：Yeelight 易来）

1.2　照度

照度（illuminance，单位为勒克斯，即 lx）是指物体单位面积上所接受的可见光的能量，用于表示光照的强弱和物体表面被照明的程度。

照度和亮度经常被人混淆。与亮度不同的是，照度是一个客观的参量，是我们用仪器去检测在某一个面上实际到达的光的"数量"。在照明设计中，当我们谈到照度时，它代表了某一空间或场所的明亮度。图 1.3 列举了在自然界和我们日常生活中常见的几个场景的照度值。

晴天的海上 约 100 000 lx

工厂车间 100 ~ 300 lx

会议室 300 ~ 500 lx

家居空间 50 ~ 300 lx

夜晚的道路 10 ~ 30 lx

月光下的大自然
约 0.1 lx

图 1.3　常见场景的照度值

1.3　色温

色温（color temperature，单位为开尔文，即 K）的定义为当光源的色品与某一温度下黑体的色品相同时，该黑体的绝对温度为此光源的色温。某个光源的色温是如何规定的呢？实际上，将一个标准黑体从绝对零度（约 -273℃，即 0 K）开始加热，温度升高到一定程度时，颜色开始从"深红—浅红—橙红—白—蓝"逐步变化。如图 1.4 所示，光源的色温值范围在 2700 ~ 6500 K。无论是在大自然中，还是在家居环境中，其不同的色温环境都将给我们不同的心理感受。

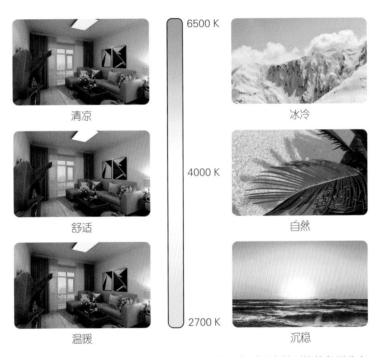

图 1.4　家居空间和不同自然环境的色温分布

从图 1.4 中可以看出，低色温的光偏黄色，高色温的光偏蓝色。因为黄色是暖色调，所以色温较低的光，应称为"较暖的光"（图 1.5 为低色温下家居空间的照明效果）。同样的道理，蓝色属于冷色调，所以高色温的光应该称为"较冷的光"（图 1.6）。

图 1.5　低色温下家居空间的照明效果　　　　图 1.6　高色温下家居空间的照明效果

　　不同的色温与不同的照度相互作用，也会带给人们不一样的心理感受。图 1.7 列举了在不同色温和照度综合作用的空间中，人的普遍感受。

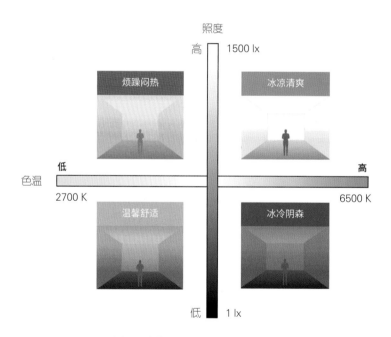

图 1.7　人在不同色温和照度综合作用的空间中的感受

　　在家居照明设计中，需要根据空间功能调整灯光的色温与照度，从而营造出舒适、健康的光环境。参考国家发布的《建筑照明设计标准》中的内容，并结合实际家居照明设计经验，表 1.1 列出不同家居空间对于色温和照度的建议值。

表 1.1 家居空间色温和照度的建议值

区域	色温（K）	照度值（lx）								
		1500	1000	500	300	200	150	100	50	20
客厅	2700 ~ 5700			阅读			一般活动			观影
餐厅	2700 ~ 4000			聚餐			餐饮			
卧室	2700 ~ 4200			阅读			一般活动			
书房	4000			办公阅读						
老人房	3500 ~ 5700			阅读						
儿童房	2700 ~ 4200			作业阅读			一般活动			
厨房	4000 ~ 5700			做饭切菜			一般活动			
卫浴	3000 ~ 5700			化妆		洗漱		一般活动		
走廊	2700 ~ 4000					一般活动				
阳台	3500 ~ 5700				洗衣服	一般活动				

资料来源：Yeelight 易来。

1.4　显色性

　　显色性（color rendering）是指与参考标准光源相比较时，光源显现物体颜色的特性。简单地讲，这种特性指的是光源再现真实色彩的程度，即光对色彩的还原度。灯光的显色性越好，对颜色呈现得越真实。

　　国际照明委员会规定一般显色指数 R_a 的范围是 1 ~ 100，并且将太阳的显色指数定为 100。也就是说，物体本来的颜色就是物体在阳光下所呈现的颜色。日常生活中使用的光源显色性指数一般在 80 以上。某些高品质灯具的显色性能达到 95，十分接近太阳光的显色表现。图 1.8 展示了在 R_a95 和 R_a80 两种显色指数的光源照射下，家居空间的色彩表现。在家里使用显色性高的灯具，会让家里看起来更美观、漂亮。

R_a95　　　　　　　　　　　　　　　　　　　　R_a80

图 1.8　R_a95 和 R_a80 所展现的家居实景效果

1.5　光束角

　　光束角（beam angle）是指垂直光束中心线的任意平面上，光强度等于 50% 最大光强度的两个方向之间的夹角。光束角越大，中心光强越小，光斑越大。一般而言，窄光束是指光束角小于 20° 的光束，中等光束指光束角为 20° ~ 40° 的光束，宽光束则指光束角大于 40° 的光束（图 1.9）。

窄光束　　　　中等光束　　　　宽光束

图 1.9　窄光束、中等光束、宽光束

光束角不同的灯具有不同的灯光效果，在照明设计上，一般都需要根据实际情况来选择使用多大光束角的灯具。带有光束角的灯具常用于重点照明，意在突出和表现空间重点，例如：装饰画、艺术品等。

1.6　眩光

由于视野内有亮度极高的物体或存在强烈的亮度对比，引起眼睛不舒适或造成视觉减弱的现象，称为眩光（glare）。也就是说，当亮度超过眼睛所能适应的程度时，光会给人刺眼、不舒服的感觉。眩光现象在我们生活中经常遇到，比如夜晚在黑暗的道路上看见刺眼的汽车车灯时，或者晴天在野外山上遇到的太阳眩光。

从照明设计的角度来讲，眩光从产生的方式上可以分为直射眩光（direct glare）和反射眩光（glare by reflection）。直射眩光是由视野内没有被充分遮蔽的高亮度光源所产生的眩光，反射眩光是由视野中的光泽表面反射所产生的眩光。

眩光是引起视觉疲劳的原因之一，家居照明设计容易造成眩光的原因有灯具安装位置和高度不恰当，人眼无法避免直视光源（图 1.10）。科学的光学方案和专业的灯光设计可以有效避免眩光的问题。特别是家中有小孩或者老人，其对眩光较为敏感，应该要尽量减少眩光发生的可能性。

图 1.10　家居照明中的眩光现象

2

智能照明必备知识

智能照明是智能家居系统的重要组成部分。与传统照明相比，智能照明可达到安全、舒适、高效、节能的目的。目前，智能照明的应用领域主要集中在高端酒店、商务楼、会展场馆等公共场所。随着智能照明研发技术的发展，智能照明产品从安装到使用都更加容易上手。随着各大物联网平台对智能照明产品的推广力度不断加大，智能照明与普通消费者的距离越来越近。每个人都能在家动手搭建一套专属的智能照明系统，每个人都能和家人共享智能光环境（图2.1）。

图2.1　家庭智能照明系统

2.1　智能照明系统的基本功能

1. 智能调光

智能调光功能是智能照明产品的基本功能，也是配置智能照明场景时的基础操作。灯光的亮度和色温可以实现无级调节，带给人们不同的感受。如果是彩光灯具，其颜色也能进行调节。调光功能可以通过手机控制系统 App、语音音箱以及智能调光开关、遥控器、控制面板等实现（图2.2）。在不同的应用场景下，灯光的色温和亮度在大多数情况下会有所不同。本书中几乎所有的场景模式都会应用到智能调光功能。

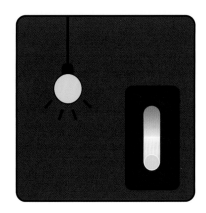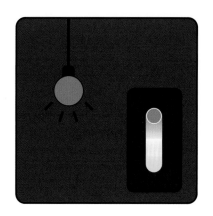

图 2.2　通过手机 App 调节灯光的色温

2. 灯具分组

如图 2.3 所示，除了单独操控一个灯具外，智能照明系统还可以批量对灯具进行管理和操作，这是通过手机 App 将灯具进行分组来实现的。完成灯具分组后，可以对同一组灯具执行相同的操作，例如操控该灯组的开启和关闭，或调节灯组里的灯具为同一色温和亮度。灯具分组功能应用广泛，使场景设计更加多样和灵活。此外，利用分组的原理也可以对灯具进行分区，比如将客厅中的所有灯分为一组，并在 App 中设置空间名称为"客厅"。如果想打开客厅的所有灯，可以通过手机 App 或其他控制方式一次性打开。

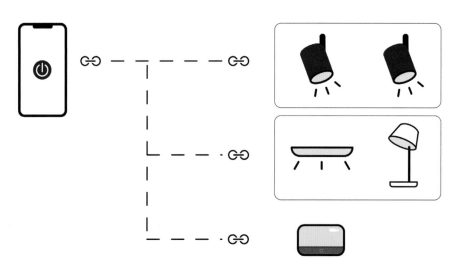

图 2.3　将多个灯具编为一组进行控制

3. 情景智能联动

"无联动，不智能"，智能联动方案是实现智能家居场景体验的关键。通过智能场景的设置，结合与控制面板和传感器等设备的联动，可实现更多无感式、人性化、自动执行的智能照明场景。常见的智能照明联动方案是智能灯具搭配人体传感器、门窗传感器等，与其他智能家居产品（智能音箱、智能门锁、智能窗帘等）进行联动。比如，如果将灯具和门锁以及语音音箱联动，当回家打开家门时，从玄关到客厅的灯依次亮起，语音音箱播报"欢迎回家"，这就是为"回家"这一活动设计的智能联动方式（图2.4）。本书将会详细讲述多个常用的智能联动情景的设置方式。

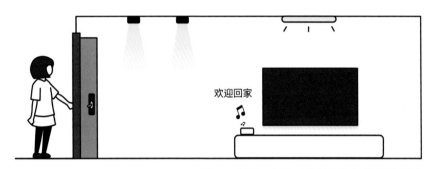

欢迎回家

图2.4　门锁、灯具、语音音箱的情景智能联动

4. 定时和延时

智能照明系统的定时功能可以按照生活习惯，将某个场景模式的开启和关闭固定在某个时间，这样就能免去主动触发场景的麻烦。比如可以设置晚上9点，"助眠模式"开启，卧室的灯光缓缓开到一个合适亮度；然后亮度逐渐变暗，直到深夜11点自动关闭全部灯光（图2.5）。此外，灯具之间或者灯组之间，可以设置一定时间间隔。这样在配置某些场景时，灯具不再同时亮起，而是依次亮起，增加空间灯光模式的趣味和灯光开启时的仪式感。

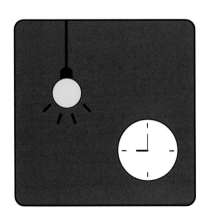

图2.5　定时功能：可设置灯具在固定时间的状态

5. 软启动功能

智能灯具的软启动功能是指，在开灯时，灯光由暗渐渐变亮；关灯时，灯光由亮渐渐变暗。这样就能避免亮度的突然变化刺激眼球，给人眼一个缓冲，保护视力。对于夜晚起夜或者给婴儿喂奶的场景来说，软启动功能十分有必要。而且软启动功能可避免大电流和高温的突变对灯丝的冲击，保护灯泡，延长灯具使用寿命。

6. 日光算法

智能照明系统需具备"日光算法"，即能根据所处地的经纬度和日期，推算出当地的日出和日落时间。当日出"唤醒模式"开启时，灯光的色温和亮度均与自然光同步。当日落时，灯光模拟黄昏的色温和亮度（图2.6）。通过模拟自然光的变化，让室内照明随着自然光一起变化，并且搭配智能窗帘的开启和关闭，创造出符合我们昼夜生活规律的舒适光环境。另一种模拟日光的方式，是搭配光照传感器，根据外界自然光线的情况合理调整室内照明。

日出唤醒

日落开灯

图 2.6　日光算法灯光效果

2.2　为什么选择智能照明

智能照明系统的基本目标就是为人们提供一个安全、舒适、方便和高效的光环境，提升人们的生活幸福感。智能照明系统能解决传统照明的使用痛点，并且在功能性、易用性和人机交互等方面占据优势。一套专业、高级的家居智能照明系统，从产品安装、系统配置到用户使用，主要有以下特征和优势。

1. 安装简易、快捷

智能照明系统的硬件组成部分主要包括：智能灯具、智能开关、传感器、控制面板等。大多数产品安装十分简单，可以开箱即用。目前安装最便捷的智能照明产品是采用 BLE（Bluetooth Low Energy，即低能耗蓝牙）Mesh 无线传输协议的智能灯具和控制面板，它将传统照明设计依赖的有线控制转变成无线控制（图2.7）。无线控制方式可以免去大量开槽和布线的工作，可将有线控制方式的施工和调试时间从几天压缩到几个小时。安装时，将每一个灯位对应的灯具扫描二维码后装入灯位即可。表2.1说明了以120 m² 房间安装50只筒式射灯为例，无线和有线两种系统的施工时间和成本对比。

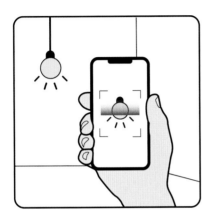 **VS**

图2.7　无线系统安装和有线系统安装方式对比

表2.1　无线和有线系统施工时间和成本对比

项目	无线系统	有线系统
弱电控制线数量	0	120 m
装修工人开槽、走线速度	0	40 m/人/d
装修工人开槽、走线时价	0	50 元/m
开槽、走线所需时间	0	4 d
开槽、走线所需费用	0	6000 元

资料来源：Yeelight 易来。

2. 耗电量低

　　智能照明产品是家中数量最多的智能硬件，其耗电量的多少决定了整个智能家居系统是否合算。智能照明的优势，还在于安装和使用过程中的花费少。安装时，无线控制方式可以减少大量开线槽和布电线的成本。而在使用过程中，智能照明也会给家庭在不知不觉中省去很多电费。因为传统灯具无法调节亮度和功率，所以一直工作在全功率状态，而智能灯具可以根据不同照明场景需求调节亮度，故实际使用的时候，能耗较低。除此之外，智能家居的待机功率也是一个无法忽视的问题。可能很多人意识上认为智能家居的待机功率普遍较高，但其实得益于目前超低智能待机能耗技术，有些专业智能灯具的待机功率能低至 0.1 W，在保证智能功能不掉线的同时，真正做到让智能更环保。表 2.2 是以 120 m^2 三室两厅房间安装 50 只筒式射灯为例，采用专业智能照明系统和普通智能照明系统的待机能耗对比。

表 2.2　专业智能照明和普通智能照明产品的待机能耗对比

项目	专业智能照明系统	普通智能照明系统
单灯待机功率	0.1 W	1 W
单灯每年待机能耗	0.876 kW · h	8.76 kW · h
单灯每年待机电量	0.876 kW · h	8.76 kW · h
每户每年待机电量	43.8 kW · h	438 kW · h
每户每年待机电费 [0.7 元 / (kW · h)]	30.7 元	306.6 元

资料来源：Yeelight 易来。

3. 满足不同需求

照明设计是一个非常专业的领域。灯光必须符合功能的要求，并且根据不同的空间、不同的场合、不同的对象选择不同的照明方式和灯具，并保证恰当的照度和亮度。智能照明设计师在制作照明设计方案时，会综合考虑家庭成员年龄段、生活作息习惯和对照明使用的特殊要求，设计适合每个家庭成员使用的场景。并且，智能照明系统的场景更换可由设计师或者用户自己更改设置，一套灯具系统就能满足全家人的生活需要。本书将介绍针对不同人群（母婴、儿童、学生、老年人）的智能照明设计方案，以及在不同空间（玄关、客厅、卧室、书房、餐厅、卫生间等）的智能照明设计方案（图 2.8）。

客厅：会客模式

餐厅：浪漫就餐模式

儿童房：月光模式

老年房：起夜模式

图 2.8　不同空间的智能照明模式

4. 舒适与健康

我们都知道，光环境会影响人的健康状态，主要原因是光环境会影响人的激素分泌和昼夜节律。亮度随人的生活规律而调整的光环境才是安全、舒适的光环境。通过光环境的调整，可以让人的身心保持在最佳状态。比如，清晨缓缓亮起的灯光模拟日出，唤醒我们的身心；上午 9 点用冷白光照明，为我们注入能量，让我们可以专注地工作；晚上用暖黄光让我们从一天忙碌的生活中放松下来，拥抱家庭生活。

5. 多样化操作方式

在智能照明发展过程中，控制方式也在不断演变。传统照明的控制方式为单开的面板开关，只控制灯的亮灭。稍后的旋钮调光开关，可调节灯的亮度，后来发展到可通过遥控器来控制灯的色温和亮度。而随着移动设备的普及和人工智能技术的发展，控制方式更加智能化。如图 2.9，通过手机 App 以及智能音箱控制，已经成为现在智能家居产品的标配。另外，无线智能情境控制面板和智能开关，虽然保留了传统人机交互方式，但比手机 App 操作更加直接、便捷。无线安装的方式，也使面板和开关的应用场景更加灵活。

手机 App	控制面板	开关

图 2.9　智能照明系统的多样化操作方式

6. 系统稳定、可靠

系统的稳定性是选择智能家居产品时需要考虑的因素之一。一套智能照明系统在稳定性上能满足产品性能稳定、系统运行稳定、线路结构稳定这三个基本要求，就是十分合格的智能照明系统了。智能照明系统的控制方式有两种：一种是基于互联网，与云端后台服务数据进行互联；另一种是基于本地局域网控制。通过本地局域网控制，不仅响应更快，而且即使网络断开也不影响控制。所以，本地局域网控制是相对云端控制来说，更加稳定可靠的控制方式。

2.3　全屋智能照明系统的搭建步骤

如果要考虑搭建全屋的家居智能照明系统，可以通过两种方式：一种是用户咨询专业的智能照明设计师，设计师通过与用户的沟通，会给用户提供完整的家居智能照明系统解决方案，包括照明设计效果图、灯具布光图、灯具推荐清单、智能联动实施方案等；另一种方式就是用户自己在家搭建，可以参照本书给出的搭建方式，然后结合自己家居设计的实际情况和生活习惯进行改进。

下面将详细介绍专业的智能照明设计师如何给用户制定全屋智能照明系统解决方案，以及后续的实施和调试步骤（图2.10）。希望对每个渴望在家中搭建全屋智能照明系统的读者能够有所帮助。

步骤1：用户需求沟通

步骤2：解决方案沟通

步骤3：购买产品

步骤4：安装施工

步骤5：产品入网及配置

步骤6：照明场景设置

步骤7：调试及维护

图2.10　全屋智能照明系统搭建步骤

步骤 1：用户需求沟通

通常情况下，用户很难表达清楚自己真正的需求。所以，在项目前期，设计师与用户之间的沟通尤为重要。用户可以在线下体验店体验多种场景效果来了解自己的需求。在用户提供必要的户型图供设计师参考之外，设计师会详细询问用户的家庭成员情况、生活作息习惯、个人喜好以及项目预算等情况，以便为用户量身打造全屋智能照明解决方案。

步骤 2：解决方案沟通

在与用户沟通需求后，设计师会为用户提供完整的智能照明解决方案，并与用户反复沟通，直至用户满意。通常情况下，设计师首先会提供灯光效果图给用户参考（图2.11）。除了传统的静态效果图，智能照明设计师会提供动态的场景效果图以及智能照明场景解决方案（智能联动方案），让用户能提前感受到照明场景的效果。

图 2.11　灯光效果

另外，设计师在设计过程中会用专业的照明设计软件（如 DIALux）生成照度伪色图（图 2.12），照度伪色图是设计师在规划空间时的构思呈现。

图 2.12　照度伪色图

如果用户对效果满意，设计师就能生成灯具的点位图（或者叫布光图），如图2.13所示。灯具的点位图展示了灯具的数量和在空间的位置分布。

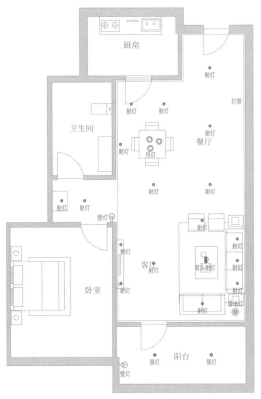

图 2.13　灯具点位

步骤 3：购买产品

在设计方案确定后，设计师会根据用户的预算，将方案中所使用的产品列表展示给用户，并向用户推荐购买的品牌。用户在确认购买方案并支付后，设计师会委托品牌方为用户采购产品。

步骤 4：安装施工

在采购完成后，安装师傅和配置工程师会按照与用户约定的时间上门服务。安装师傅会按照灯具的点位图将所需的硬件产品（灯具、开关、面板等）安装到位。

步骤 5：产品入网及配置

当安装师傅把硬件产品安装到位后，配置工程师首先会把所有的设备接入用户的家庭网络中，然后将所有设备绑定到智能家居系统 App 的用户账号。然后，用户就能对单个灯具进行操作，比如设置色温和亮度，设置定时开关灯等。一般情况下，产品入网、绑定账号以及首次配置灯具的过程中，App 都会有一步步详细的操作指引，用户自己在家也可以按照指引完成。

步骤 6：照明场景设置

配置工程师会按照之前设计师为用户设计的智能照明场景方案，为用户的各个家居空间完成智能照明场景的配置。本书的绝大多数内容都是讲解如何在家中配置智能照明场景，用户可以按照本书介绍的方法，结合自己家居和家庭成员的实际情况改进。在下一小节中，将会详细介绍场景搭建过程中最常使用的智能联动的配置方法。

步骤 7：调试及维护

在完成照明场景配置后，配置工程师会对全屋的智能照明系统进行测试或调试，以保证场景配置无误，保持设备的稳定。在用户使用过程中，如果出现设备故障或者配置模式需要调整，都可以联系设计师或者工程师进行远程诊断或者上门服务。

2.4 如何设计智能照明联动场景

2.4.1 智能联动场景设计原则

1. 以人为本，实用便利

智能家居最基本的目标是为人们提供一个安全、舒适、方便和高效的生活环境。对智能家居产品来说，最重要的是以实用为核心，摒弃那些华而不实、只能充作摆设的功能，并且产品以实用性、易用性和人性化为主。所以，智能家居在设计联动场景时，首先要遵循这一原则。如果有条件，可以去智能家居体验馆亲自感受下，这样也能更好地挖掘自身的真实需求。

2. 预先考虑硬件成本

实现智能联动场景一个很重要的因素是智能设备的功能和性能。一般同一个场景，可以由多种设备搭配组合实现。但对于不同的设备组合来说，其数量和性能决定了最终的场景体验性和成本。体验性和成本有时不是成正比的关系，但是用户需要在成本和体验性之间权衡。为了让更多的用户体验到智能照明的乐趣，本书的很多场景设置都会给出专业版和入门版两种设置方式。两种设置方式的配置方法和产品成本是不同的，读者可以根据自己需求选择。

3. 轻量化配置和操作使用

很多个性化智能家居的控制方式丰富多样，比如：本地控制、遥控控制、集中控制、手机远程控制、感应控制、网络控制、定时控制等。究其本意是让人们摆脱烦琐的操作，提高效率。但是如果操作过程和配置过程过于烦琐，用户很容易产生排斥心理。所以在设计智能家居时一定要充分考虑到用户体验，注重操作的便利化和直观性，最好能采用图形图像化的控制界面，让操作所见即所得。

2.4.2 智能联动场景配置步骤

智能联动场景配置是实现场景化的最后一步，也是十分关键的一步。智能联动根据选购产品的类型和数量不同，可以有很多种方法。就像是数学上的加减乘除法或者程序员的算法，结果会在一步步逻辑清晰的规则设置后还原出来。下面将以小米智能家居系统的智能联动规则设置为例，简单介绍智能联动的配置规则，不过最重要的是尝试亲手操作和体验。

1. 连接设备至系统

首先按照产品使用说明的指引，分别将灯具、智能联动设备（如智能门锁、传感器、音箱）和网关连接到智能家居系统。

2. 设置智能联动规则的"如果"命令

小米家居系统的智能联动规则主要是依靠"如果"和"就执行"这两个命令来实现的。"如果"命令就是执行智能联动的触发条件，"就执行"命令则是执行动作。只有满足"如果"命令后，才会执行"就执行"命令。

如图2.14中，"如果"命令有两类。一类是通用条件，包含四种设置方式（不同的手机操作系统会有所不同）：手动执行、离开或到达某地、定时、室外天气发生变化时。另一类是智能设备的条件，以智能门锁为例，其有如图2.15所示的七种条件可以设置为"如果"命令。

图 2.14　在 App 中设置"如果"命令（图片来源：米家 App）

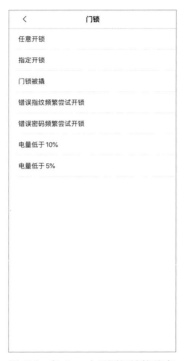

图 2.15　在 App 中设置门锁的状态为"如果"命令（图片来源：米家 App）

3. 设置智能联动规则的"就执行"命令

在图 2.16 中，"就执行"命令也有两类。一类是通用条件，包含四种设置方式（不同的手机操作系统会有所不同）：执行某个智能、开关某个智能、向手机发送通知、延时。另一类是智能设备的条件，以智能吸顶灯为例，其有如图 2.17 所示的十几种条件可以设置为"就执行"命令。"如果"和"就执行"命令都可以是多个命令的组合形式。当"如果"和"就执行"都设置完成后（图 2.18），智能联动规则就基本设置完成了。

图 2.16　在 App 中设置"就执行"命令（图片来源：米家 App）

图 2.17　在 App 中设置智能吸顶灯的状态为"就执行"命令（图片来源：米家 App）

图 2.18　智能联动规则设置页面（图片来源：米家 App）

4. 设置智能联动生效时间

　　智能联动默认生效时间是全天，但有时我们只想在一天中特定时段使用或者某几天使用，那么可以根据需求设置其生效时间（图 2.19）。至此，整个智能联动场景就设置完成了，保存后即可使用。

图 2.19　在 App 中设置智能联动生效时间（图片来源：米家 App）

3

智能照明设计与
应用——时间篇

一天天日出日落，一年年春夏秋冬。在这个匆忙的世界里，我们为生活而奔忙，这种快节奏有时候会让我们忽略掉很多东西，包括生活中的仪式感。试想一下，家能带给我们什么样的仪式感？早晨，被媲美日光的灯光自然唤醒；出门上班时，再也不用担心家中有房间的灯没有关；傍晚，回家开门的瞬间，温馨的灯光将疲惫一扫而尽；晚上，柔光渐渐暗去，开始一夜好睡眠。所以，智能照明带给我们一种舒适便捷的生活方式的同时，还启发我们对美好生活的探求。本章将介绍如何设计一天中不同时段的智能照明场景（图3.1）。这几种场景也是家居智能照明场景的基础模式，可以适合每个人的生活。

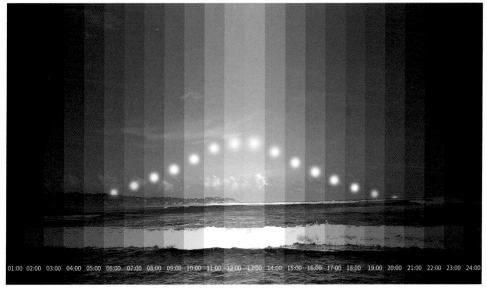

01:00 02:00 03:00 04:00 05:00 06:00 07:00 08:00 09:00 10:00 11:00 12:00 13:00 14:00 15:00 16:00 17:00 18:00 19:00 20:00 21:00 22:00 23:00 24:00

图 3.1　一天中不同时段的色温变化

3.1　回家模式——生活的仪式感从回家开始

回家，也需要一种仪式感。过去，回到家先得手忙脚乱找钥匙开门，然后还要摸黑找开关开灯。而现在智能照明设计能够实现当我们打开门锁的一瞬间，屋内的灯光依次亮起，并且语音音箱播放"欢迎回家"（图3.2）。即使下班后再疲惫，这一刻也充满了家的温馨。所以，对这个智能照明场景进行定制化设计，极易凸显家居设计的科技感和高级感。

就像是许多高档车的"回家模式"，用车灯来照亮车主回家的路一样。利用智能家居系统的智能联动功能，就能将回家模式需要用到的硬件设备配置成场景。并且发挥智能照明能进行分组和延时的优势，打造渐进式亮灯的效果。

图 3.2 "回家模式"场景

3.1.1 "回家模式"场景设计锦囊

1. 灯、锁联动，考虑三要素

最具仪式感的"回家模式"，从开门的那一瞬间就已经启动了。我们想要实现的效果是，当家人开锁时，家里的灯能依次亮起，即门锁和灯的联动，如图 3.3 所示。触发智能照明系统的"回家模式"，需要智能家居系统综合判断三方面的状态信息，即动作、时间、人。

"动作"是指智能家居系统首先识别回家的动作是否发生。这是通过检测智能门锁开启状态或者门窗传感器响应状态来做判断。"时间"要素是指可以设置模式被触发的最早时间，然后智能家居系统通过读取当前时间，来判断是否有必要开灯。"人"

开锁   门开灯亮

图 3.3 智能门锁和智能灯联动

这一要素是指智能家居系统需要判断开门的家庭成员是否为回家的第一个家庭成员。如果已有家庭成员回到家中，系统已执行了一次"回家模式"，那么就没有必要重复执行。所以，当三要素满足了"回家模式"的状态要求，如在傍晚6点，当第一位回家的家人打开家门时，智能照明系统将被触发"回家模式"。

2. 分组和延时，打造渐进式照明

如果想要将"回家模式"实现的仪式感发挥得淋漓尽致，可以采用渐进式照明的方式。渐进式照明的设计手法是利用智能照明系统的灯具分组和延时功能，打造灯光效果在时间和空间维度的层次感。灯具分组后，属于同一灯组的灯具同时亮起，而不同灯组可按照一定时间间隔依次亮起。

将空间中的灯具按照光源高度，分为低段、中段和高段。低中高空间的划分应当按照家居空间的实际情况来设置。以3 m高空间为例，低于0.5 m的空间可划分为低段，2.8 m以上的空间可划分为高段，低段和高段之间的空间划分为中段（图3.4）。当"回家模式"被触发时，低段的灯先亮，然后中段和高段的灯按照设定的时间间隔依次点亮。这就是"由低及高"的渐进式照明。而且低、中、高三段的亮度可设置不同值。一般低段照明亮度较低，以烘托氛围为主；中段亮度略高，以增加空间感和立体感；高段照明亮度适当提高，既可以提升房间的整体亮度，又能产生抬高层高的视觉效果（图3.5至图3.7）。

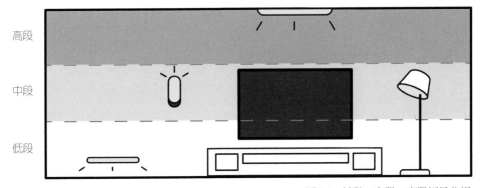

高段

中段

低段

图3.4　低段、中段、高段灯具分组

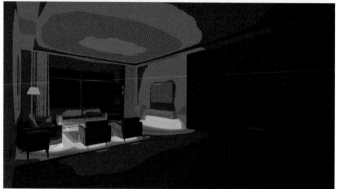

色温：灯带 3000 K
亮度：灯带 100%

图 3.5　低段照明灯光效果图和照度伪色图

色温：射灯 / 吊灯 / 壁灯 / 落
地灯 3000 K
亮度：射灯 / 吊灯 / 壁灯 / 落
地灯 100%

图 3.6　低段和中段照明灯光效果图和照度伪色图

色温：射灯/灯带/吊灯/壁
灯/落地灯 3000 K
亮度：射灯/灯带/吊灯/壁
灯/落地灯 100%

图 3.7　低中高段照明灯光效果图和照度伪色图

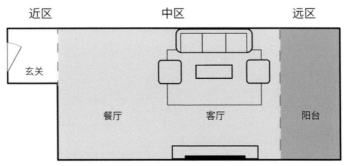

图 3.8　近区、中区、远区灯具分组

色温：射灯 / 吊灯 / 3000 K
亮度：射灯 / 吊灯 / 100%

图 3.9　近区照明灯光效果图和照度伪色图

色温：射灯 / 灯带 / 吊灯 / 壁
灯 / 落地灯 3000 K
亮度：射灯 / 灯带 / 吊灯 / 壁
灯 / 落地灯 100%

图 3.10　近区和中区照明灯光效果图和照度伪色图

色温：射灯/灯带/吊灯/壁
灯/落地灯 3000 K

亮度：射灯/灯带/吊灯/壁
灯/落地灯 100%

图 3.11　近中远区照明灯光效果和照度伪色图

　　如果家居空间较大，也可以将"由低及高"和"由近及远"的两种渐进式照明方式搭配使用，以凸显空间的层次感和纵深感。渐进式照明的设计手法不仅可以应用在"回家模式"场景中，也可以应用在其他智能照明场景中。如在下一节的"助眠模式"中，就使用渐进式照明的设计手法，打造出了符合人们昼夜节律，更加舒适、健康的光环境。

3.1.2　一步一步，轻松实现"回家模式"

第一步：设计灯具点位

　　以本节中的设计案例为例，完成对玄关、餐厅、客厅这三个空间的灯具点位设计（图3.12）。针对玄关、餐厅、客厅和阳台四个空间，使用筒灯、射灯、双头射灯、吊灯、灯带、壁灯、落地灯这 7 种灯具（通常，设计师在提供灯具点位图时，会同时提供产品概图供参考，如图3.13所示）。确定好光源的空间布局和灯具类型后，就可以按照"由低及高"或者"由近及远"渐进式照明的设计原则，将灯具分组。

图3.12 "回家模式"灯具点位

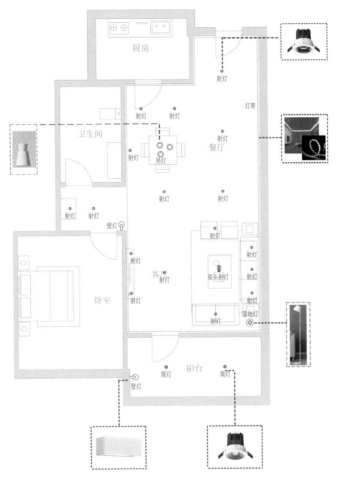

厨房

射灯

灯带

射灯 射灯

卫生间

射灯

餐厅

吊灯

射灯

射灯 射灯

射灯 射灯

壁灯

射灯 射灯

双头射灯

射灯

客厅

卧室

射灯

射灯

射灯

落地灯

阳台

筒灯 筒灯

壁灯

图 3.13 "回家模式"产品概图

第二步：选购灯具和智能联动设备

完成以上设计工作后，就可以采购灯具和智能联动设备了。市面上有很多品牌的智能灯具、智能门锁、语音音箱等可供挑选。这里，我们仅以一种可以满足大多数家庭需求的购买组合，仅供参考。最好是根据自己的预算、装修风格等，挑选自己喜欢和适合自己家庭的设备。

考虑到需要与其他智能设备联动，下面给出的方案中（表 3.1、表 3.2），灯具的无线连接方式均为蓝牙（BLE Mesh）。虽然灯具数量会达到二十几个，但是由于蓝牙连接方式的特性，可支持快速批量设备接入。

表 3.1 "回家模式"灯具

灯具名称	灯具尺寸 （mm）	功率 （W）	色温（K）	光束角 （°）	数量 （个）	灯具图片
嵌入式 圆形射灯	ϕ 93×73.5	10	2700～6500	24	17	
嵌入式 圆形筒灯	ϕ 93×73.5	10	2700～6500	90	2	
嵌入式 双头射灯	150×75×75	10	2700～6500	24	1	
壁灯	100×30×50	8	2700～6500	120	2	
灯带	标准长度 1 m	6 W /m	2700～6500	120	35 m	
装饰吊灯	180×670×1200	24（8 W×3）	2700～6500	120	2	
落地灯	240×246×1625	12	2700～6500	120	1	

资料来源：Yeelight 易来。

表 3.2 "回家模式"智能联动设备

设备名称	功能	基本参数	产品图片
智能门锁	指纹开锁，触发并联动"回家模式"	开锁方式：指纹 / 密码 / 手机蓝牙 / 机械钥匙 指纹类型：一体化半导体指纹	
智能语音音箱	联动并播放"欢迎回家"语音	显示屏尺寸：93 mm×55 mm 无线连接：Wi-Fi 2.4 GHz；蓝牙 5.0	
智能多模网关	蓝牙 Mesh 入网，智能联动	无线连接：Wi-Fi 2.4 GHz；Zigbee 3.0；蓝牙 5.0	

资料来源：小米。

第三步：设置照明规则和智能联动规则

这一步，将以"由近及远"渐进式照明方式，配置照明和智能联动规则。

（1）连接设备至智能家居系统

按照产品使用说明的指引，分别将灯具、智能门锁和音箱通过网关连接到智能家居系统。

（2）灯具分组

将属于近区（玄关）、中区（客厅和餐厅）和远区（阳台）的灯具分别添加到三个不同的灯组，并且将灯组命名为"玄关""客餐厅"和"阳台"（图 3.14）。

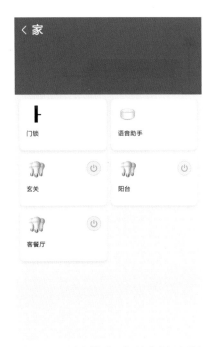

图 3.14 "回家模式"灯具分组（图片来源：米家 App）

（3）配置灯具的色温和亮度

这里将三个区域的亮度调节为 70% 亮度，将玄关区域的灯的色温设置为 2700 K，给人带来回家的温馨。将其他区域灯的色温设置为 3000 K，提升其明快氛围（如图 3.15，按住屏幕并移动可调节灯的色温和亮度）。

（4）设置灯具和语音助手的联动规则

如图 3.16 所示，首先设置第一条"就执行"命令，也就是灯具及语音助手间的联动规则，命名为"回家模式"。这个联动场景将会嵌套在下一步的与门锁之间的联动里，作为"就执行"的一条命令。先将近、中、远三区的灯依次选为执行动作，并设置 2 s 或者 1 s 的时间间隔。将灯全部打开后，设置语音助手播放"欢迎回家"或者其他语音。

图 3.15 "回家模式"玄关灯具配置（图片来源：米家 App）

图 3.16 "回家模式"灯具及语音助手的联动规则（图片来源：米家 App）

（5）设置门锁的联动规则

如图 3.17 所示，将"如果"命令的触发条件设置为智能门锁的开启。而在"就执行"命令里，第一条命令是上一个步骤中设置的灯和语音助手的联动规则。需要特别注意的是，在这条命令结束 2 s 后，将会执行一条把"如果"命令关掉的命令，也就是将整个智能联动功能关掉。这样做的目的是保证只执行一次"回家模式"，也就是只有第一位回家的成员才执行"回家模式"。最后将智能联动的生效时间段按照平时的生活习惯设置好，整个智能联动规则就设置完成了。

图 3.17 "回家模式"门锁联动规则（图片来源：米家 App）

3.1.3 新手最易掌握的入门版"回家模式"

在上文"回家模式"的攻略里，使用了智能门锁作为开门动作的智能联动设备，并且使用了大量的筒式射灯等点光源做空间照明。如果购买设备预算有限，或者喜欢使用吸顶灯，可以尝试一下入门版"回家模式"，效果也很不错。

入门版"回家模式"可以用门窗传感器作为开门动作的感知设备，来代替智能门锁。如果家里都是吸顶灯，比如玄关、客厅和阳台三个空间都是吸顶灯，只要选择与门窗传感器联动的智能吸顶灯，就能实现"回家模式"的智能联动效果。当门打开时，门窗传感器通过感应附件磁铁，来判断门的开关状态。

尽管灯具只有吸顶灯，但依然可以按照"由近及远"或者"由低及高"的渐进式照明原则来做照明设计。比如拿最容易实现的"由近及远"的方式来说，可以分别把玄关、客厅和阳台作为近区、中区和远区。每个分区里都是只有一个或者两个吸顶灯，灯光效果如图 3.18 至图 3.20 所示。同样，当门打开时，不同区域的吸顶灯将按照一定的时间间隔逐渐亮起。

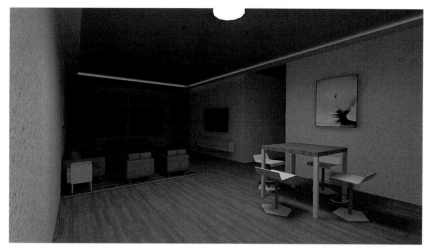

图 3.18　入门版"回家模式"近区照明灯光效果

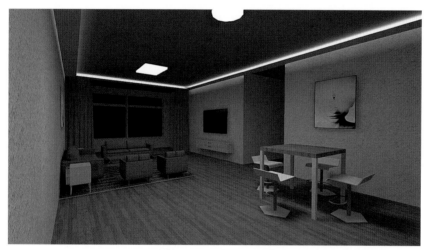

图 3.19　入门版"回家模式"近区和中区照明灯光效果

图 3.20　入门版"回家模式"全亮灯光效果

对于门窗传感器和智能吸顶灯的选择，这里推荐一个普遍适用于大多数家庭的组合，仅供参考（表3.3、表3.4）。

表3.3　入门版"回家模式"智能吸顶灯

灯具名称	灯具尺寸（mm）	功率（W）	色温（K）	灯具图片
智能 LED 吸顶灯（450）	ϕ 450	32	2700 ~ 6500	
皓石 LED 吸顶灯 Pro	960×640	90	2700 ~ 6500	
智能 LED 吸顶灯（320）	ϕ 320	28	2700 ~ 6500	

资料来源：Yeelight 易来。

表3.4　入门版"回家模式"智能联动设备

设备名称	功能	基本参数	产品图片
门窗传感器	感应门开，联动"回家模式"	响应时间：15 ms 无线连接：Zigbee	
触屏音箱	联动并播放"欢迎回家"语音	显示屏尺寸：93 mm×55 mm 无线连接：Wi-Fi 2.4 GHz；蓝牙 5.0	
智能多模网关	蓝牙 Mesh 入网，智能联动	无线连接：Wi-Fi 2.4 GHz；Zigbee 3.0；蓝牙 5.0	

资料来源：小米。

入门版"回家模式"的照明和智能联动规则的设置过程和上一节中介绍的步骤相似，而且更简单。这里，门窗传感器的开启状态将代替智能门锁的指纹开锁状态，作为"如果"命令，而用玄关、客厅和餐厅以及阳台的吸顶灯代替各种点光源（图3.21、图3.22）。吸顶灯不能像 BLE Mesh 灯具一样进行分组，但是吸顶灯数量很少，可以在联动设置中一个一个地添加。这就是更简单、更容易实现的"回家模式"。

图3.21 入门版"回家模式"灯具及语音助手联动规则

图3.22 入门版"回家模式"门锁联动规则

3.2 助眠模式——用对灯光，助你一夜好睡眠

"昨晚，你睡得好吗？"我们经常在清晨这样问候亲朋好友。也许你也曾体会，睡眠质量的好坏直接影响我们在白天的身体状态和情绪。人们常常会因为生活和工作的压力而感到焦虑，从而产生入睡困难、浅睡、睡不醒等睡眠问题。那么，究竟如何才能睡一个好觉？又是什么在影响我们的睡眠？我们能够通过灯光设计（图3.23），改善睡眠障碍问题，拥有一夜好睡眠吗？

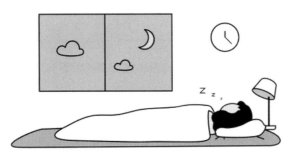

图 3.23 "助眠模式"场景

3.2.1 "助眠模式"场景设计锦囊

1. 无法忽视的"昼夜节律"

在家居照明设计中,健康舒适是最重要的设计原则。尤其对于有睡眠障碍的人来说,符合昼夜节律的家居光环境才能有助于改善睡眠质量。暖色系的光线会让人有放松的感觉,所以卧室灯光的色温不宜设置过高,以 3000 ~ 3500 K 为佳。另外,调查发现,如果将房间照度调至 50 lx 以下,将有助于人体褪黑激素的分泌。理想情况下,在入睡前的一个小时内,灯光的色温和亮度应随时间逐渐降低,这样可以镇定精神,让人慢慢适应光环境的变化,自然进入睡眠状态。

图 3.24 展示了我们大多数人的昼夜节律。其中,褪黑激素和我们的睡眠有关,它会根据光线的明暗变化做出反应。褪黑激素能缩短我们的睡前清醒时间和入睡时间,并且缩短浅睡阶段,延长深睡阶段,提高我们的睡眠质量。

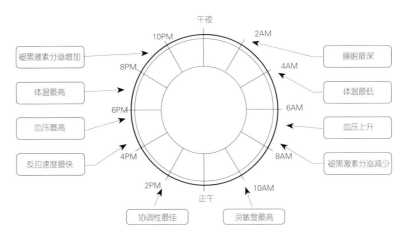

图 3.24 人体昼夜节律

在大多数使用传统照明灯具的家庭中，灯光只有开启和关闭两个状态，而且色温和亮度是固定值。如此单调又生硬的灯光切换方式，所营造的光环境已经打破了人们自然的昼夜节律，会影响人的入睡情绪。如果灯光的色温值或亮度值设置不当，同样会影响人体褪黑激素的分泌。所以，只有好的光线，才有好的睡眠。如果有失眠困扰，那就需要考虑卧室的灯光是否合适。

2. 好的光线，好的睡眠

在传统家居设计中，照明设计无法和人的作息习惯互联互通，因此无法根据人的昼夜节律自动匹配灯光。而在智能家居系统中，系统可以收集作息记录数据或者睡眠分析数据，比如开关灯的历史数据或者采集第三方平台（如手机应用或智能手环等）的睡眠监测数据。然后，智能家居系统综合后台大数据库，利用机器学习等统计学方式，预判用户睡眠习惯（睡前清醒时间、入睡时间、睡醒时间等）。

智能照明系统会根据用户的睡眠习惯，自动设置助眠模式的开启时间、结束时间，以及色温和亮度的变化方式（图3.25）。在"助眠模式"结束前的时间段内，亮度可随时间无级变化至最暗，色温会渐渐降低，直到灯光全部关闭（灯光效果见图3.26）。智能灯具的无级调节功能使得"助眠模式"下的灯光变化更舒适、更自然。

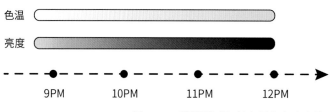

图3.25 "助眠模式"的色温和亮度变化

当然，智能照明系统也支持手动配置"助眠模式"。通过设置"助眠模式"的生效时间，以及合理设置色温和亮度的渐变范围和渐变速度，即可手动实现"助眠模式"。在有定制需要或者想人为调整作息的情况下，手动配置比自动配置更实用。如果长期被睡眠问题困扰，可以尝试手动配置"助眠模式"，并且一段时间后根据睡眠情况再次调整，可以慢慢地改善睡眠质量。

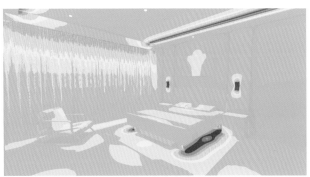

色温：射灯 / 壁灯 / 灯带 4500 K

亮度：射灯 / 壁灯 / 灯带 100%

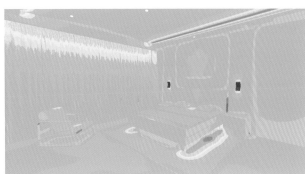

色温：射灯 / 壁灯 / 灯带 3500 K

亮度：射灯 / 壁灯 / 灯带 50%

色温：射灯 / 壁灯 / 灯带 2700 K

亮度：射灯 / 壁灯 / 灯带 1%

图 3.26 "助眠模式"灯光效果图和照度伪色图

除了基础的"助眠模式"照明设计外，也可以利用灯具的分组功能，增加渐进式照明的设计方式（可参考3.1节）。灯具不必同时按照同种方式渐变，可分区变化。如图3.27所示，按照空间高度划分，采用"由高及低"的渐变方式，高段的灯光（如天花板上安装的筒灯）先变暗，降低整个空间的亮度；中段照明（如床头壁灯）可以延后一段时间变暗，便于睡前阅读使用；床底的灯带最后变暗，全屋灯光关闭。

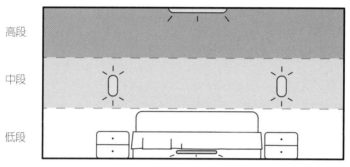

图3.27 "助眠模式"由高及低渐进式照明设计

3. 打造梦想客机的助眠彩光

以飞机客舱的灯光设计为例（图3.28），从用餐模式到睡眠模式的切换，模拟了黄昏夕阳逐渐落下，远处晚霞由亮到暗的效果。顶部机舱主灯光由明亮的橘红色逐渐变淡，然后机舱切换为浅蓝和深蓝色调为主，同时机舱中部的灯光也逐渐由橙色变为低亮度的深蓝色，底部的地面通道照射灯也逐渐降低亮度，帮助人感受到并适应天色逐渐黑下来的感觉。

图3.28 飞机客舱照明设计（图片来源：Veer）

我们在进行"助眠模式"的照明设计时，可以参考飞机客舱的照明设计，使用 RGB 彩光模拟客舱灯光的颜色变化，烘托睡眠的氛围。如图 3.29 的彩光版"助眠模式"的灯光设计，射灯和壁灯的色温和亮度变化情况和之前讲到的"助眠模式"相同，唯一不同的是，天花板和床底的灯带采用了颜色可变的彩光灯带。先设置天花板和床底的彩光灯带为深橙色，如同梦想客机的就餐模式，让人感觉到进入了休息时间。半小时后，天花板灯带变为蓝色，此时处于两种颜色交界的状态，蓝色有助于安神。再过半小时，床底灯带也变为蓝色，同时亮度降至最低，整体空间氛围静谧，有助于让人自然进入睡眠状态。

色温：射灯 / 壁灯 4500 K

颜色：灯带 深橙色

亮度：射灯 / 壁灯 / 灯带 100%

色温：射灯 / 壁灯 3200 K
颜色：灯带 深橙色、蓝色
亮度：射灯 / 壁灯 / 灯带 50%

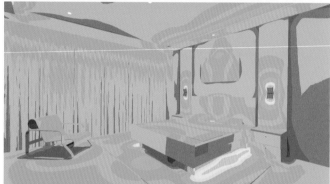

色温：射灯 / 壁灯 2700 K
颜色：灯带 蓝色
亮度：射灯 / 壁灯 / 灯带 1%

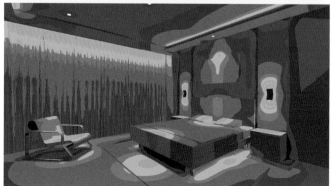

图 3.29　彩光版 "助眠模式" 灯光效果图和照度伪色图

3.2.2　一步一步，轻松实现"助眠模式"

第一步：设计灯具点位

以本节中的设计案例为例，完成卧室的灯具点位设计（图 3.30）。在卧室中，我们使用到了射灯、灯带、壁灯这三种灯具（见图 3.31 "助眠模式"产品概图）。

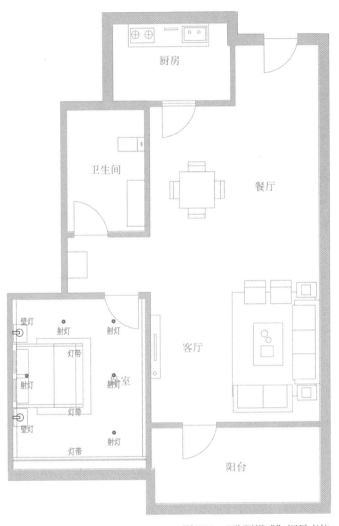

图 3.30 "助眠模式"灯具点位

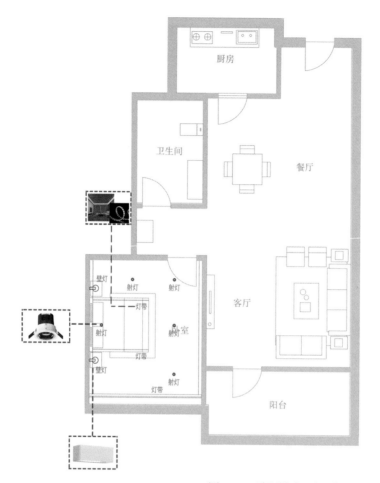

厨房

卫生间

餐厅

壁灯

射灯　射灯

灯带

射灯

卧室

射灯

壁灯

灯带

客厅

射灯

灯带

阳台

图 3.31　"助眠模式"产品概图

第二步：选购灯具和智能联动设备

表 3.5 是可供参考的灯具的型号和数量。我们采用定时开关灯的方式，也就是在智能家居系统中提前按照我们的作息习惯，设置在不同时段灯具的不同变化，这样就不需要主动去触发模式的启动。当然，也可以通过语音音箱的语音指令或者智能情境面板的按键主动触发模式启动。

表 3.5 "助眠模式"灯具

灯具名称	灯具尺寸（mm）	功率（W）	色温（K）	光束角（°）	数量（个）	灯具图片
嵌入式圆形射灯	φ93×73.5	10	2700～6500	24	5	
壁灯	40×120×50	8	2700～6500	60	2	
彩光灯带	标准长度1 m	4 W/m	RGB	120	8 m	

资料来源：Yeelight 易来。

在考虑智能联动设备时，不需要其他家居设备的联动，只考虑灯光的设计。但是，我们更推荐在家中安装智能窗帘电机，将窗帘加入联动中。当"助眠模式"启动时，窗帘自动关闭。表 3.6 列出了一款"助眠模式"智能联动设备的相关参数。

表 3.6 "助眠模式"智能联动设备

设备名称	功能	基本参数	产品图片
智能窗帘电机	联动，定时关闭窗帘；Wi-Fi蓝牙双模，可作网关	输出转速：80 r/min 移动速度：12 cm/s 轨道承重：最大 50 kg 无线连接：Wi-Fi 2.4 GHz；蓝牙 4.2 BLE	

资料来源：Yeelight 易来。

第三步：设置照明和智能联动规则

（1）照明设计方式

在这一步里，我们将使用"由高及低"渐暗的照明设计方式来配置"助眠模式"。

（2）连接设备至智能家居系统

按照产品使用说明的指引，分别将灯具和智能窗帘连接到智能家居系统。

（3）灯具分组

将卧室中的灯具分为高段（天花板灯带和射灯）、中段（壁灯）和低段（床底灯带）。

（4）配置灯具的色温和亮度

如果我们按照定时设置的方式设置，在三个不同时间段，高、中、低三段灯具的色温和亮度是不同的。可参考表 3.7 中灯具的配置。然后在 App 中设置在不同时段灯具的色温和亮度。图 3.32 是按照表 3.7 完成高段灯具配置的过程。按照此配置过程可以完成中段和低段的配置。

表 3.7　"助眠模式" 灯具照明规则配置

时间段	高段	中段	低段
21:00—21:30	色温：3500 K 亮度：50%	色温：3500 K 亮度：50%	色温：3500 K 亮度：50%
21:30—22:00	色温：2700 K 亮度：1%	色温：3500 K 亮度：50%	色温：3500 K 亮度：50%
22:00—22:30	色温：2700 K 亮度：1%	色温：2700 K 亮度：1%	色温：2700 K 亮度：1%
22:30 以后	关闭	关闭	关闭

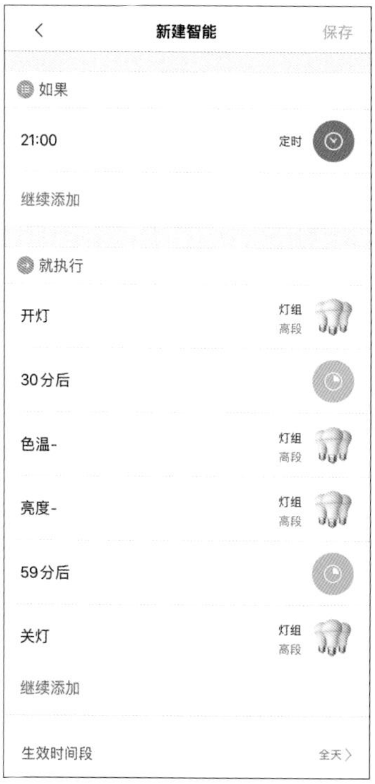

图 3.32　高段灯具照明规则配置（图片来源：米家 App）

（5）设置灯具和窗帘电机的联动规则

在开启"助眠模式"时，就将窗帘关闭（图3.33）。至此，"助眠模式"就配置完成了。

图3.33 "助眠模式"
的智能联动规则（图
片来源：米家App）

3.2.3　新手最易掌握的入门版"助眠模式"

像入门版"回家模式"一样，如果购买设备预算有限，或者想要在卧室中使用吸顶灯，可以尝试以下入门版的"助眠模式"。可以在床头柜放一盏床头灯，方便睡前阅读使用。同样，可以设置吸顶灯和床头灯随着时间推移，色温慢慢降低，亮度也慢慢降低（灯光效果见图3.34）。这里，提供一款适合放在卧室的吸顶灯和床头灯的参考数据（表3.8）。

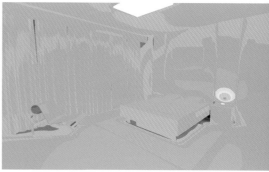

色温：吸顶灯 / 床头灯 4500 K
亮度：吸顶灯 / 床头灯 100%

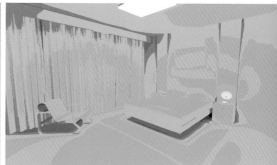

色温：吸顶灯 / 床头灯 3200 K
亮度：吸顶灯 / 床头灯 50%

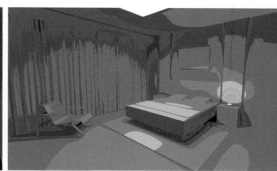

色温：吸顶灯 / 床头灯 2700 K
亮度：吸顶灯 / 床头灯 5%

图 3.34　入门版"助眠模式"灯光效果图和照度伪色图

表 3.8　入门版"助眠模式"灯具

灯具名称	灯具尺寸（mm）	功率（W）	色温（K）	灯具图片
智能吸顶灯	960×640	90	2700 ~ 6500	
智能床头灯	ϕ140×100	5	WRGB	

资料来源：Yeelight 易来。

现在某些智能吸顶灯内置"日落助眠"灯光模式，也就是已经将灯光的色温和亮度变化设置好了，灯光会模仿日落时的光线变化，在 10 min 后渐变至最暗并关灯。所以，只需要在"就执行"命令中，选择该灯"开启并设置灯光"，然后再选择"日落助眠"灯光模式即可（图 3.35）。

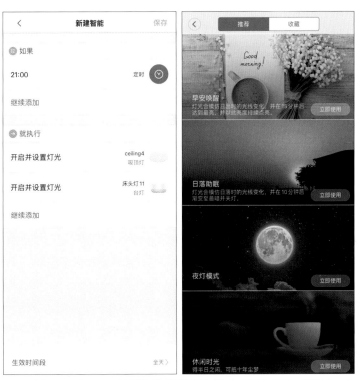

图 3.35　在 App 中设置"日落助眠"模式（图片来源：米家 App）

3.3 唤醒模式——用"光线闹钟"唤醒你的每个清晨

没有什么比早晨的阳光更加美好了。随着太阳升起，黎明接替黑夜，地球苏醒了。这时，气温开始上升，天空变得明亮起来，远方已经传来鸟鸣声。当清晨的一缕缕阳光洒在我们身上时，褪黑激素分泌减少，我们自然醒来（图3.36）。这一切都顺应着我们天然的昼夜节律，舒适、从容。

图 3.36　晨起场景

3.3.1 "唤醒模式"场景设计锦囊

1. 每天叫醒你的不应是手机铃声，而应是"光线闹钟"

被阳光叫醒的美好场景或许离生活在现代的我们越来越远。现实生活中的大多数情况是，在清晨，新鲜的阳光被窗帘挡住，我们在一片黑暗中被闹钟或者手机吵醒。然后，我们下床打开灯或者拉开窗帘，迎接新一天的忙碌。受我们的居住环境限制，我们已经很难体会到在日出中起床的感觉。在黑暗中，我们被一阵粗暴的闹铃声叫醒，但我们的身体机能并未醒来，这让我们的精神焦虑紧张，自然不符合人体的昼夜节律。

在《睡眠革命》一书中，作者尼克·利特尔黑尔斯指出，"光线是最重要的生物钟调节器"。如果有一个"光线闹钟"来唤醒我们的每一个清晨，会比任何声音都自然、舒适。自然光是最佳的"光线闹钟"，在日出中起床，不紧不慢、从容不迫，这不仅符合人的昼夜节律，也会让我们一天的精神都很饱满，可以很快进入工作或者学习状态。另外，早上需要放慢节奏，避免醒来之后立马陷入一团紧张和忙乱中。因为睡眠质量也和我们早上醒来之后的活动息息相关。

2. 模拟日出，用"光线闹钟"打造健康生活的"慢节奏"

自然环境下享受在日出中醒来，想必很奢侈。那能否用灯光来实现"光线闹钟"呢？想要一款媲美自然光，又能模拟日出的"光线闹钟"，需要具备两个因素。一个因素是需要掌握每天日出的时间。日出的时间会随季节及各地方纬度的不同而不同。另一个因素是灯光的色温、亮度、显色指数要尽可能地接近自然光，并且能随时间模拟日出的真实变化。要满足这两个要求，只能选择智能灯具。首先，智能灯具需具备"日光算法"，能根据所处的经纬度和日期，推算出当地日出和日落时间。当日出"唤醒模式"开启时，灯光的色温和亮度均与自然光同步。并且显色指数越高的灯具（一般要选择 R_a >90 的灯具，更接近自然光），越能真实还原自然光下物体真实的色彩。当在轻柔的日光中醒来时，请拉开窗帘，沐浴一下阳光，吃个早饭，再出门吧。

如果灯具不具备"日光算法"的功能，也可以模拟日光的色温和亮度，手动设置灯具的日光效果。如图 3.37 所示，我们利用和"助眠模式"同样的灯光布局和产品，只要合理设置灯具的色温和亮度变化，同样能打造"光线闹钟"。

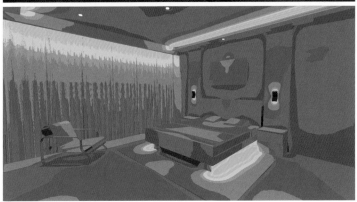

色温：射灯 / 壁灯 / 灯带 2700 K

亮度：射灯 / 壁灯 / 灯带 1%

色温: 射灯/壁灯/灯带 3500 K
亮度: 射灯/壁灯/灯带 50%

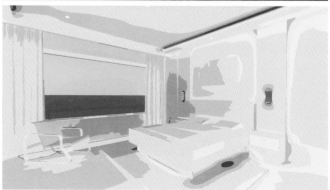

色温: 射灯/壁灯/灯带 4500 K
亮度: 射灯/壁灯/灯带 100%

图 3.37 "唤醒模式"灯光效果图和照度伪色图

3. 让智能窗帘开启一天自然好光

在关注光环境的时候，我们往往只注意家中的灯光。其实，在家居照明设计中，自然采光也是考虑的重点。自然光对家居空间的珍贵犹如空气对于人的珍贵。尤其是早晨柔和的阳光，对于我们来说尤其宝贵。所以，当早晨的阳光洒向房间时，请拉开窗帘，让自然光成为空间光线的主角。

因此，在智能家居系统中，可以把智能窗帘作为和智能照明系统联动的装置。在"助眠模式"中，也用到了智能窗帘的联动。同样，可以设定在开启"唤醒模式"一段时间后，自动启动智能窗帘。相比传统的窗帘，智能窗帘省去了下床手动拉的麻烦。另外，可以设定智能窗帘开合的速度和程度。

4. 打造梦想客机的唤醒彩光

我们在设计"助眠模式"时，可参考飞机客舱的照明设计，使用 RGB 彩光模拟客舱灯光的颜色变化。同样，我们可以继续借鉴飞机客舱"准备降落"和"放松模式"的照明设计，添加彩光来实现"唤醒模式"。如图 3.38 所示的彩光版"唤醒模式"的照明设计，其光效和彩光版"助眠模式"的光效在变化上基本是相反的。

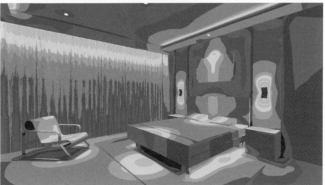

色温：射灯 / 壁灯 2700 K
颜色：灯带 蓝色
亮度：射灯 / 壁灯 / 灯带 1%

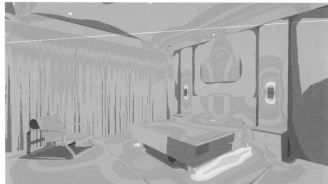

色温：射灯/壁灯 3200 K
颜色：灯带 深橙色、蓝色
亮度：射灯/壁灯/灯带 50%

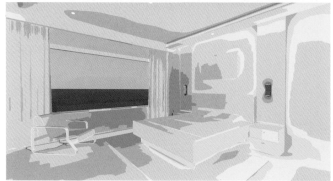

色温：射灯/壁灯 4500 K
颜色：灯带 深橙色
亮度：射灯/壁灯/灯带 100%

图 3.38 彩光版"唤醒模式"灯光效果图和照度伪色图

首先,模拟飞机客舱的"准备降落"模式,将主要照明灯具(射灯、壁灯)设置为低色温、低亮度,将灯带颜色设置为蓝色。光环境是从全黑暗自然过渡到宁静的氛围,不会让人察觉到亮度的突变。慢慢地,床底和天花板的彩光灯带相继变为深橙色,射灯和壁灯的色温和亮度逐渐变高,如同朝阳缓缓升起,人们仿佛沐浴在晨光中。同时,窗帘渐渐拉开,窗外新鲜的阳光洒进房间中,我们也渐渐苏醒。

3.3.2 一步一步,轻松实现"唤醒模式"

第一步:设计灯具点位

"唤醒模式"的灯具点位设计和"助眠模式"是一样的(图3.39、图3.40)。正是因为智能照明的诸多功能和优势,才能实现在同一个空间同时拥有多种场景模式。

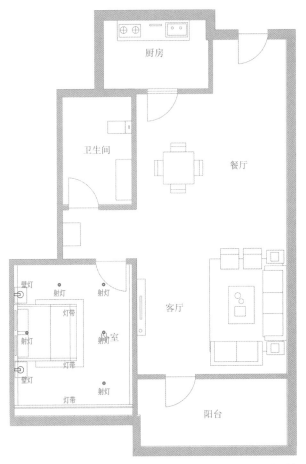

图 3.39 "唤醒模式"灯具点位

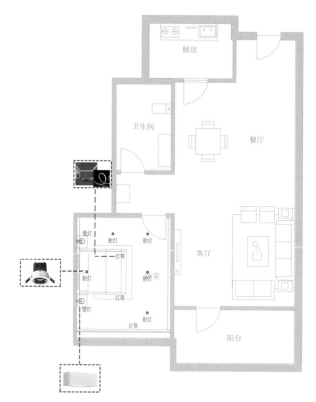

图 3.40 "唤醒模式"产品概图

第二步：选购灯具和智能联动设备

表 3.9 和表 3.10 是推荐的灯具和智能联动设备，仅供参考。

表 3.9 "唤醒模式"灯具

灯具名称	灯具尺寸（mm）	功率（W）	色温（K）	光束角（°）	数量（个）	灯具图片
嵌入式圆形射灯	ϕ 93×73.5	10	2700 ~ 6500	24	5	
壁灯	40×120×50	8	2700 ~ 6500	60	2	
彩光灯带	标准长度 1 m	4 W/m	RGB	120	8 m	

资料来源：Yeelight 易来。

表 3.10 "唤醒模式"智能联动设备

设备名称	功能	基本参数	产品图片
智能窗帘电机	联动，定时关闭窗帘；Wi-Fi蓝牙双模，可作网关	输出转速：80 r/min 移动速度：12 cm/s 轨道承重：最大 50 kg 无线连接：Wi-Fi 2.4 GHz；蓝牙 4.2 BLE	

资料来源：Yeelight 易来。

第三步：设置照明和智能联动规则

这一步可以仿照"助眠模式"的设置步骤和规则，完成"唤醒模式"的设置。以下将采用"由低及高"逐渐亮起的照明设计方式进行配置。

（1）连接设备至智能家居系统

按照产品使用说明的指引，分别将灯具和智能窗帘连接到智能家居系统。

（2）灯具分组

将卧室中的灯具分为高段（天花板灯带和射灯）、中段（壁灯）和低段（床底灯带）。

（3）配置灯具的色温和亮度

与"助眠模式"不同的一点是，"唤醒模式"的完成时间相对要短一些，一般是在半小时左右（表 3.11）。

表 3.11 "唤醒模式"灯具照明规则配置

时间段	高段	中段	低段
7:00—7:10	关闭	关闭	色温：2700 K 亮度：1%
7:10—7:20	色温：2700 K 亮度：1%	色温：2700 K 亮度：1%	色温：3500 K 亮度：50%
7:20—7:30	色温：3500 K 亮度：50%	色温：3500 K 亮度：50%	色温：4500 K 亮度：100%
7:30—7:40	色温：4500 K 亮度：100%	色温：4500 K 亮度：100%	色温：4500 K 亮度：100%

（4）设置灯具和窗帘电机的联动规则

在"唤醒模式"开始半小时后，可以选择开启窗帘（图 3.41）。至此，"唤醒模式"就配置完成了。

图 3.41 "唤醒模式"的
智能联动规则（图片来
源：米家 App）

3.3.3　新手最易掌握的入门版"唤醒模式"

如果是使用与入门版"助眠模式"相同的设备（表 3.12），是否也可以用最简单的方式，完成入门版"唤醒模式"的设置呢？答案是肯定的，图 3.42 的灯光效果完全可以像入门版"助眠模式"的设置一样简单，在定时条件下（如 7:00），"就执行"命令选择"开启并设置灯光"，然后选择"早安唤醒"灯光模式。

表 3.12　入门版"唤醒模式"灯具

灯具名称	灯具尺寸（mm）	功率（W）	色温（K）	灯具图片
智能吸顶灯	960x640	90	2700 ~ 6500	
智能床头灯	ϕ 140x100	5	WRGB	

资料来源：Yeelight 易来。

色温：吸顶灯 / 床头灯 2700 K

亮度：吸顶灯 / 床头灯 5%

 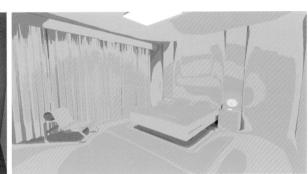

色温：吸顶灯 / 床头灯 3200 K

亮度：吸顶灯 / 床头灯 50%

 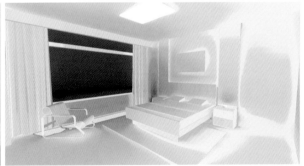

色温：吸顶灯 / 床头灯 5700 K

亮度：吸顶灯 / 床头灯 100%

图 3.42　入门版"唤醒模式"灯光效果和照度伪色图

　　除此之外，还有更简单的方式实现入门版"唤醒模式"。有些智能吸顶灯是有"日光算法"的，也就是智能家居系统会根据地理位置与季节变化，智能追踪本地的日出、日落时间，自动变化灯光的色温和亮度。所以，在 App 中一键开启该功能（图 3.43），也能实现用灯光唤醒的效果。

图 3.43　在 App 中开启"日出唤醒"功能（图片来源：米家 App）

3.4　离家模式——省时省心，更要安全

每次离家的时候，总是感觉手忙脚乱，特别是在上班的早晨，出门拎了太多东西，腾不出手关门关灯。家里的卧室、餐厅、卫生间都开着灯，出门的时候要把灯一个个关掉，不仅浪费时间，还要担心有的房间忘了关灯。离家的这些烦恼，在使用智能照明系统进行简单的联动配置后，就能轻松解决。

在设计日常生活的离家模式时，可以再次使用智能门锁的联动，来开启离家模式（图3.44）。当智能门锁检测到出门动作，并且智能家居系统判断家中无人时，那么家中的灯光将全部自动关闭，这样不仅解放了双手，还省时省心。

图 3.44　"离家模式"场景

3.4.1 "离家模式"场景设计锦囊

1. 灯锁联动，出门从容不迫更安心

"离家模式"的智能联动设置比较简单，基本的联动设备包括全屋的智能灯具、智能门锁和人体传感器。在开启"离家模式"后，当智能门锁检测到室内开门动作，并且各个房间的人体传感器在 20 min 内判断无人移动时，门关闭，智能照明系统将关闭屋里的全部灯光。如果家中安装有智能窗帘，也可以将智能窗帘加入联动。在白天出门的时候，窗帘会自动打开，帮助房间吸收阳光。

如果不想在家里的各个房间安装人体传感器，可以使用语音命令触发语音音箱，开启"离家模式"。比如，当你对语音音箱说出"我要出门喽"时，智能家居系统就开启"离家模式"。如果出门匆忙，没有"告诉"智能音箱指令也没有关系，只要打开智能照明系统的控制 App，就能实现一键关闭家中所有的灯（图 3.45）。智能照明系统的远程控制方式，可以在查看家中灯具状态的同时控制灯具，所以即使离家了，也不必担心。

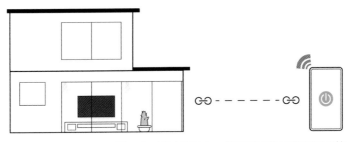

图 3.45　通过手机 App 远程控制家中的照明系统

有时我们需要长时间在外出差或者度假，难免担心家里长期无人会不安全。此时也可以通过 App 里的定时开启和关闭灯光的功能，设置在 20:00 自动开启灯光，22:00 自动关闭灯光，给人留下一个家里有人的错觉。

2. 小玄关，大学问

玄关是从室外到室内的过渡空间，可以反映出家居主人的文化修养和艺术品位。玄关处的照明设计需要营造一种亲切、温馨的氛围，让人们在进入玄关的这一瞬间，洗去一身的疲倦，放松心情。像"回家模式"一样，我们也来看看高档车是如何设计"离家模式"的：车辆接到遥控开锁信号后，前照灯亮起，为车主照亮上车的路。借鉴高档车的照明设计，对应到家居空间中，便是玄关的照明设计，因为在出门的时候都会经过玄关。

以图 3.46 的灯光效果图为例（图 3.47 是玄关的照明设计布局），玄关入口需要均匀的环境照明，保证基础照明功能使用即可，照度以 100 lx 左右为佳。另外，在收纳柜下方人们往往会放置一些钥匙、装饰品之类的小物件，所以可以在收纳柜下方加入一条

线型灯条，做补充照明，也可以提醒人们拿取东西。鞋柜也是同样的道理，人们的视线容易被鞋柜遮挡，在鞋柜下增加灯带，可为其补充局部照明，满足人们出入门穿脱鞋的需求。如果玄关处还有梳妆镜，应尽量选择带线型柔光灯条的镜子，这样可以弥补垂直面照明不足的遗憾，方便人们在出门时整理妆容或满足人们试衣的需求。

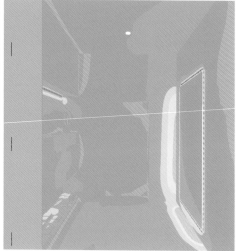

色温：射灯 / 灯条 3000K
亮度：射灯 / 灯条 100%

图 3.46 玄关处灯光效果图和照度伪色图

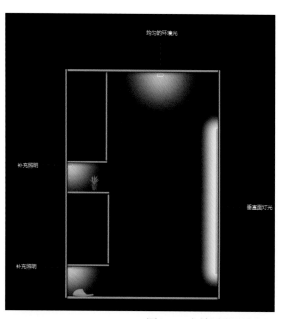

图 3.47 玄关照明设计布局

3. 人体传感器：玄关照明小助手

虽然玄关的空间不大，但是做好玄关的智能照明也会给我们的生活带来极大的便利。不管我们是否用语音触发了"离家模式"，当我们需要在玄关处穿衣穿鞋或找钥匙出门时（此时家中还有人，不需要触发"离家模式"），智能照明系统应自动开启玄关处的灯，避免在黑暗中摸索带来的不便。所以，建议为玄关区域的灯具配置人体感应器，人来灯开，人走灯灭。既可以实现智能化需求，也可以节约能源。同时，还需要考虑玄关灯开启的时间。如果人白天走到玄关（9:00—16:00），那么玄关处的灯将不必打开；如果是晚上或者光线还不充足的早上（16:00—次日9:00），那么玄关处的灯将自动开启。

3.4.2 一步一步，轻松实现"离家模式"

第一步：设计灯具点位

以下是"离家模式"的灯具点位设计（图3.48），其主要的设计要点是注意在视线盲区（如鞋柜下）用灯带补充照明。

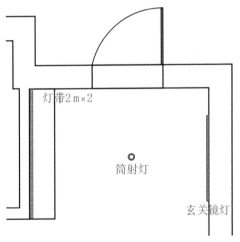

图3.48 "离家模式"灯具点位

第二步：选购灯具和智能联动设备

表3.13是"离家模式"的参考灯具。这里我们以智能门锁和人体传感器联动智能灯具（表3.14），来实现"离家模式"。

表 3.13 "离家模式"灯具

灯具名称	灯具尺寸（mm）	功率（W）	色温（K）	光束角（°）	数量（个）	灯具图片
嵌入式圆形射灯	φ93×73.5	10	2700～6500	24	1	
玄关镜灯	750×1200	24	2700～6500	120	1	
灯带	标准长度1 m	6 W/m	2700～6500	120	4 m	

资料来源：Yeelight 易来。

表 3.14 "离家模式"智能联动设备

设备名称	功能	基本参数	产品图片
智能门锁	指纹开锁，触发并联动"离家模式"	开锁方式：指纹 / 密码 / 手机蓝牙 / 机械钥匙 指纹类型：一体化半导体指纹	
人体传感器	感应是否有人活动	最大探测距离：7 m 无线连接：Zigbee	
智能多模网关	蓝牙 Mesh 入网，智能联动	无线连接：Wi-Fi 2.4 GHz; Zigbee 3.0; 蓝牙 5.0	

资料来源：Yeelight 易来。

第三步：设置照明和智能联动规则

（1）连接设备至智能家居系统

按照产品使用指引，将灯具和智能联动设备连接到智能家居系统。

（2）设置人体传感器和灯具联动

在晚上或者清晨光线不佳时，若人体传感器检测到有人经过，就自动触发玄关处的
灯亮起（图3.49）。

（3）设置智能门锁联动

可设置当人走出家门3 min后，玄关处的灯全部关闭（图3.50）。

图3.49　设置人体传感器和灯具联动
（图片来源：米家 App）

图3.50　设置智能门锁联动（图片来
源：Yeelight 易来）

3.4.3 新手最易掌握的入门版"离家模式"

有的家庭因为户型限制，玄关处空间狭小，不适宜安装太多灯具和联动设备。这时可以选择使用自动感应吸顶灯（图3.51、图3.52）。表3.15的这款自动感应吸顶灯内置人体传感器，人来即亮。若检测到60 s内无人体移动，灯光自动熄灭。此外，这款灯内置光敏传感器，白天不会开灯，只在照明环境较暗时才会开启，十分节省电。

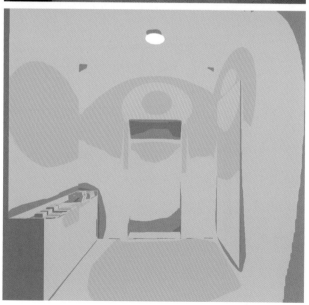

色温：吸顶灯 3000 K
亮度：吸顶灯 100%

图3.51 入门版"离家模式"灯光效果图和照度伪色图

图 3.52　可用于玄关的感应吸顶灯（图片来源：Yeelight 易来）

表 3.15　入门版"离家模式"灯具

灯具名称	灯具尺寸（mm）	功率（W）	色温（K）	灯具图片
感应吸顶灯	ϕ 250×71	10	2700 ~ 6500	

资料来源：Yeelight 易来。

4

智能照明设计与
应用——人物篇

从呱呱坠地到蹒跚学步，从少年到青年，从中年到暮年，在我们一生中的不同阶段，我们的生理和心理都会发生变化。我们对事物、环境、情感的认知或感触也随着年龄的变化而变化。那么，不同年龄段的人对照明的感受和诉求会不会也有不同呢？如果家中三代同堂，家里的灯光能否满足所有家庭成员的需求呢？好的灯光，是"以人为本"，并且因人而异。婴儿生理发育不健全，对光源的安全性要求高。学生朝气蓬勃，但学业压力大，防近视是不容忽视的问题。上班族正处于奋斗期，免不了在家工作，如何在家高效办公？老年人行动不便，一个安全的家居环境至关重要。本章将介绍为不同年龄阶段的人群打造智能照明环境的方式，带给全家人智能、健康的光环境（图4.1）。

图 4.1　适合全家人的智能光环境示意

4.1　母婴家庭照明设计——用健康好光源拥抱你的小天使

对呱呱坠地的婴儿来说，光是他们感知这个新世界最直接的方式之一。家庭的灯光环境不仅仅会影响宝宝的视力健康，也会影响宝宝的身体发育。如何给宝宝打造一个健康的光环境，是每个新生儿父母都应该掌握的一门必修课。对于哺乳期的妈妈来说，由于家庭角色和生活的巨大转变，往往会产生焦虑的心理，而一个舒适的光环境能为她们营造安定的氛围，为她们带来愉悦的心情（图4.2）。

图 4.2　母婴家庭照明场景

4.1.1　光环境对母婴的影响

1. 强光危害宝宝的视力发育

宝宝出生后的前两年是视力发育最关键的时期。在这段时间，宝宝的眼睛逐渐学会聚焦，学会分辨颜色和事物远近，视力发育逐渐成熟。同时这段时间也是宝宝眼睛最脆弱的时期，不合适的家庭光环境不仅会直接影响宝宝的视力发育，甚至会伤害到宝宝的眼睛。

宝宝所处的光环境应该是柔和的，长期的强光直接照射（图 4.3），会让宝宝的视力下降。光线会不断刺激宝宝的眼睛，导致眼球和睫状肌休息不充分，宝宝的视网膜和眼球都会受到不同程度的伤害。当然，除了灯光的照度因素以外，灯光的蓝光以及频闪等问题都会影响宝宝的视力发育和视力健康。

图 4.3　强光直接照射会影响宝宝的视力健康

2. 夜间照明关乎宝宝的成长

家庭的灯光环境可以通过影响宝宝的激素分泌，进而影响宝宝的睡眠和成长发育。这主要体现在灯光的照射会影响宝宝体内褪黑激素的分泌，当褪黑激素大量分泌时，可以促进他们身体生长激素的分泌。无论是宝宝还是成人，当处于黑暗中时，褪黑激素分泌活动立即加强，当转为光亮环境时则立即减少分泌。因此，为了不影响夜间宝宝体内褪黑激素的正常分泌，应尽量避免在宝宝睡觉时开灯。即使开灯也应该尽量降低灯光的亮度。

3. 光环境氛围影响妈妈的心理健康

新生儿出生后会立刻成为全家的焦点，而在怀孕和哺乳过程中付出最多的妈妈却容易被人忽视。人们关注更多的是产妇产后的身体健康，往往会忽略其心理健康。其实新手妈妈的心理健康同样重要。有数据表明，我国约 20% 的新生儿妈妈会因体内激素分泌变化、产后疲劳等因素而出现产后抑郁症。众所周知，光环境的好坏会直接影响到人的心情，不同的灯光表现会带给人不同的心理感受。从色温上考虑，暖黄光会让人感到温暖安心，对缓解新手妈妈的焦虑情绪有所帮助。

4.1.2　母婴房照明设计原则

1. 避免使用直射光源

从出生到会走路，床是宝宝的主要活动区域，并且其大部分时间都是躺在床上。同时，由于好奇心，宝宝经常会盯着比较显眼的光源看。因此在母婴房的灯光设计上，尤其是在婴儿床的位置要尽量避免灯具发出的光直接照射宝宝的眼睛。所以，在选择灯具时，应尽量避免使用筒式射灯，而应选择用吸顶灯或灯槽。如果母婴房安装的是智能筒式射灯，在灯具布局无法改变的情况下，可以利用智能灯的分组功能，在控制系统中将宝宝活动区的灯关掉。

2. 以高品质的功能性照明产品为主

在照明产品的选择上，母婴房应主要以高品质的功能性照明为主，尽量避免使用装饰性强但灯光品质差的灯具，如某些低价的水晶吊灯。另外，家中的灯光亮度最好均匀一些，暗角少一些，因此可用台灯、床头吊灯等功能性光源实现固定区域的亮度调整。由于母婴人群的特殊性，其对灯光品质的要求更高。家庭的照明环境一定要均匀稳定，避免频闪、眩光等情况的发生。另外，使用具有软启动功能的灯具，可避免亮度的突然变化刺激眼球，给人眼一个缓冲，也能保护宝宝的视力。

3. 配置专属母婴的色温和亮度

在不同的场景下，宝宝需要不同的灯光环境。玩耍、哄睡、夜间喂奶等对于光环境的要求各不相同。所以，这就需要家中的灯具可智能调节，并且配置不同的场景模式。灯光的色温不宜过冷或过暖，以 3000 ~ 4500 K 的暖白光或白光为佳。这也有利于妈妈在备孕期和恢复期保持稳定和愉悦的情绪。很多妈妈担心夜间开灯喂奶时，会把宝宝惊醒，宝宝会哭闹。但如果使用光通量大约为 1 lm 的小夜灯（市面上高品质夜灯的光通量在 0.7 ~ 3 lm 之间），宝宝不易感受到环境光的明显变化，妈妈在喂奶的同时，也不用担心惊醒孩子（图 4.4）。

图 4.4　小夜灯在母婴房的应用

4. 可静音控制灯具

另外，宝宝的休息对其成长发育非常重要。如何在不影响宝宝休息的前提下，快速、便捷、准确地控制和调节灯光？最重要的是，如何保证整个调节过程是静音的，不会惊醒睡梦中的宝宝？某些传统的灯具开关会发出"啪嗒"声，显然不适合母婴家庭。家中的灯光控制要考虑智能操控，最好使用手机或者触控面板等可实现静音操控的方式。另外，语音音箱不要放置在宝宝的房间内，或者避免在家中使用，以免发出声响或者音箱被误唤醒，使宝宝受到惊吓。

5. 合理利用自然光源

自然光其实是最健康、最令人愉悦的光线。母婴房要选择采光好、向阳、通风的房间。白天最好拉开窗帘，尽可能让阳光进入室内。有研究表明，长期使用人造光照明，会扰乱人体的生物钟和生理模式，不但使眼睛疲劳，还会降低正在成长发育中的婴幼儿对钙质的吸收能力。长时间在灯光下活动的宝宝有可能会精神萎靡，注意力不集中。人造光源过多甚至会诱发儿童性早熟。所以，白天应尽量不开灯、少开灯，多让宝宝感受自然光。

4.1.3　母婴家庭必备智能照明模式

1. 玩耍模式：让宝宝玩得更舒适

宝宝玩耍、爬行时，也要为宝宝提供舒适护眼的光环境。宝宝和父母玩耍互动时，房间的灯光应明亮、舒适又不失温馨。为了保护宝宝的眼睛免受直射光源的伤害，应首选吸顶灯和灯带作为主要照明的灯具（图 4.5）。高段（灯带、吸顶灯）和中段（壁灯）可同时开启，色温调整到 4000 K 较为适宜。亮度可设置高一些，方便观察宝宝的状态。

2. 哄睡模式：宝宝入睡更快的光环境

"哄睡模式"用于宝宝夜间哄睡，相比全暗环境，宝宝更宜在微弱的光环境中入睡（图 4.6）。高段的吸顶灯关闭，灯带亮度调整到 10%；中段的壁灯关闭；低段的床头灯亮度调整到 10%，窗帘自动关闭，整体光环境柔弱，20 min 后灯带自动关闭。当宝宝入睡后，可手动关闭床头灯。宝宝的作息习惯与成年人完全不同。特别是刚出生不久的婴儿，他们睡觉和睡醒是不定点的，所以，定时开启的"助眠模式"和"起床模式"并不适合婴儿。

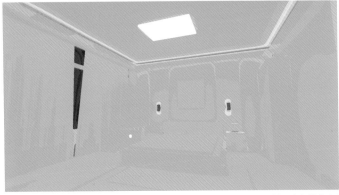

色温：吸顶灯 / 壁灯 / 灯带 4000 K
亮度：吸顶灯 / 壁灯 / 灯带 80%

图 4.5 "玩耍模式"灯光效果图和照度伪色图

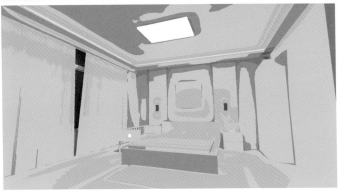

色温：吸顶灯 / 灯带 2700 K
亮度：吸顶灯 / 灯带 10%

图 4.6 "哄睡模式"灯光效果图和照度伪色图

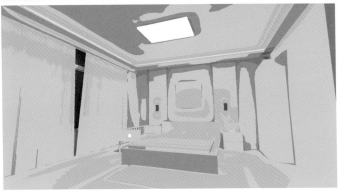

4

智能照明设计与应用——人物篇

3. 夜间喂奶模式：妈妈不再手忙脚乱

当妈妈夜间给宝宝喂奶或者更换尿不湿时，只需开启床头灯和小夜灯（图4.7）。可以设置床头灯的默认亮度为20%，色温2700 K。或者开启床头灯的"小夜灯模式"，当人下床冲泡奶粉时，开启床头灯即可。小夜灯自带人体感应功能，可自动感应打开。

色温：夜灯 / 床头灯 2700 K

亮度：夜灯 / 床头灯 20%

图4.7 "夜间喂奶模式"灯光效果图和照度伪色图

4.1.4　一步一步，打造专属母婴的光环境

以图4.5的灯光效果图为例，设计母婴房的灯具点位（图4.8）。在母婴房使用了吸顶灯、灯带、壁灯、床头灯和小夜灯作为光源，其中吸顶灯和灯带是主要照明光源。

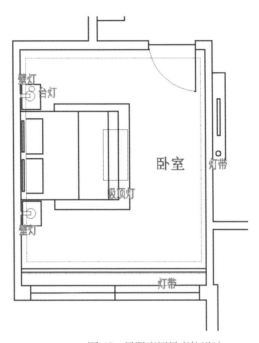

图4.8　母婴房灯具点位设计

表4.1是母婴房的参考灯具。此外，这里我们以手机App作为切换"玩耍模式"和"哄睡模式"的方式；"夜间喂奶模式"只需要打开床头灯，所以以下方案不需要额外的智能联动设备。

表 4.1　母婴房的灯具

灯具名称	灯具尺寸（mm）	功率（W）	色温（K）	光束角（°）	数量（个）	灯具图片
智能吸顶灯	960×640	90	2700～6500	120	1	
智能壁灯	40×120×50	8	2700～6500	60	2	
灯带	标准长度1 m	6 W/m	2700～6500	120	24 m	
智能床头灯	164×164×292	18	2700～6500	120	1	
感应小夜灯	84×84×36	0.25	2700～6500	—	1	

资料来源：Yeelight 易来。

第三步：设置照明规则和智能联动规则

（1）连接设备至智能家居系统

按照产品使用指引，将灯具连接到智能家居系统。

（2）设置"哄睡模式"

将吸顶灯和灯带的色温和亮度分别设置为 2700 K 和 10%，并且将此效果保存为"哄睡模式"（图 4.9）。

图4.9　设置"哄睡模式"灯效并保存（图片来源：米家App）

（3）设置"玩耍模式"

参考"哄睡模式"的设置方式，将吸顶灯、壁灯、灯带的色温和亮度分别设置为4000 K和80%，并且将此灯效保存为"玩耍模式"。

（4）设置"夜间喂奶模式"

设置床头灯的默认亮度为20%，色温为2700 K，或者开启床头灯的"小夜灯模式"，并设置"小夜灯模式"的生效时间段（图4.10）。

图 4.10　在手机 App 中开启床头灯的"小夜灯模式"（图片来源：米家 App）

4.2　儿童家庭照明设计——让孩子独立生活变得更容易

　　孩子慢慢从婴儿成长到儿童，上学以前的大多数时间也是在家中。父母为了培养孩子独立生活的能力，会让孩子拥有一个独立的房间。以前的儿童房装修，父母把主要精力花在如何选择装饰风格上，以及如何用丰富多彩的色系和花样百出的卡通造型，让儿童房充满童趣。健康安全方面，主要考虑板材是否环保（如甲醛等是否超标），空间场景内活动是否有防磕碰保护，以及最为担心的防触电保护问题。其实，儿童房的照明设计也是父母需要重点关注的，因为这对正处于身体和心理成长发育的学龄前儿童来说十分重要（图 4.11）。

图 4.11 儿童房的照明场景

4.2.1 光环境对儿童的影响

1. 夜间照明给孩子带来安全感

孩子的自立问题一直都是父母关注的焦点。设置儿童房的目的，主要是为了让孩子有自己独立的空间，在没有爸爸妈妈的陪伴时能够自己入睡，起夜的时候也不需要家人帮忙，养成自立的生活习惯。但孩子本身对安全感的心理诉求，让大多数家庭的孩子很难一开始就适应自己入睡。如果孩子入睡时，有微弱灯光的陪伴，就会减轻其对全暗环境产生害怕的心理。同时，孩子入睡之后，随着时间的流逝，灯光也会自动关闭，让房间足够黑暗，从而不影响孩子休息。

2. 亮度突变对大脑发育的影响

孩子刚开始入睡时，由于处于黑暗的环境，身体开始分泌大量的褪黑激素，促使其逐渐进入睡眠状态，大脑可以得到充分休息。如果夜晚起夜，传统的照明产品（灯光的亮度和色温不可调）亮度非常高，会让人从黑暗中突然进入非常亮的环境。瞬间光照强度的变化，会让人突然变得清醒，休息中的大脑又被迫工作，如果此种情况经常发生，对正处于大脑发育阶段的儿童来说，会产生一定的负面影响。

3. 对儿童活动时安全性的影响

处于学龄前的儿童喜欢在房间的每个角落玩耍、跑跳、读书、爬行、玩游戏等。所以，照明设计是否能给孩子带来安全性，是在设计学龄前儿童房时必须考虑的问题。如果房间照明存在大范围的暗角，或者亮度不够，孩子就有可能在活动中碰到障碍物而摔倒受伤。有的父母考虑到安全性，特意将开关设置在孩子不易触碰的位置。而有的父母却想要让孩子能够独立开关灯，但是传统 86 盒开关的安装位置都是固定的，很多学龄前的孩子摸不到。因此，在照明安全性和培养独立性上产生了矛盾。如果使用可在任意位置安装的无线开关，小朋友就能轻易摸到开关（图 4.12）。

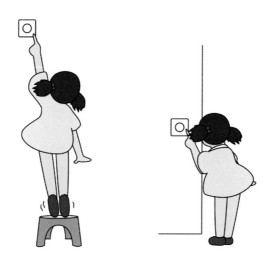

图 4.12　无线开关安装便利，能让儿童轻松使用

4.2.2　儿童房照明设计原则

1. 照明无暗角，灯具无障碍

在打造专属儿童的光环境时，既要考虑功能性和安全性，也要考虑到童趣，让孩子喜欢上自己的房间。和婴儿一样，学龄前儿童的眼睛还未发育成熟，对强光十分敏感。所以要尽量避免在儿童房安装筒式射灯，而应选择吸顶灯和灯带组合的方式。儿童房照明设计要求亮度均匀，无暗角，让儿童在房间活动和玩耍时有一个明亮的环境。儿童房要尽量减少使用落地灯，防止儿童在跑动、玩耍的过程中被落地灯的线绊倒而造成伤害。另外，在灯具选择上也要注意，应避免使用表面温度过高的灯具，以防止儿童烫伤。

2. 灯光可延时关闭

智能灯具的延时关灯功能在儿童房照明场景设计时十分有用。比如陪伴孩子入睡的照明场景设置完成后，月光般的灯光便陪护孩子开始入睡，由于有微弱的灯光，孩子不会像在全暗环境中一样产生害怕的心理。同时，孩子入睡之后，随着时间的流逝，灯光也会自动关闭，让房间足够黑暗，从而不影响休息。此外，当孩子起夜结束后回到床上时，灯光可根据提前设定好的自动延时关灯时间自动熄灭，最大程度让孩子在短时间活动之后又能快速进入睡眠状态。

3. 灵活使用无线开关

学龄前儿童正处在认知能力发育过程中，对很多事物有强烈的好奇心，父母可以让孩子学会自己主动去控制开关，锻炼其动手能力的同时有助于其良好习惯的养成。但是传统 86 盒开关高度是固定的，一般学龄前儿童摸不到。所以，在图 4.13 的儿童房照明设计中，可以根据孩子身高在进门处的墙壁贴一个贴装版的蓝牙无线开关，让孩子不用

图 4.13　儿童房可安装多个无线开关

踮起脚尖也能够得着。这种贴装版无线开关背面附有纤薄魔术贴，无须安装布线，可以自由贴装，满足不同年龄段孩子的需求。另外，在床头位置（床头柜或者床头等容易触及的位置）也可以贴一个蓝牙无线开关。孩子在准备入睡时不用再下床到门口去关灯，伸手就能操作，而且半夜醒来起夜的时候，伸手就能摸到开关。

4. 日光唤醒，按时起床

在 3.3 节中，我们详细介绍了起床过程中灯光环境和自然光环境对人的生物节律的重要性。这对于学龄前儿童来说尤其重要。有些家庭喜欢给孩子拉上厚厚的遮光窗帘，孩子起床后再拉开，立马从黑暗环境切换到日光环境，这样带来的问题是孩子在成长发育期，对昼夜没有敏感的认识，影响其生物钟。如果给孩子使用智能吸顶灯，可以设置定时的日出模式，到达设定的时间后智能吸顶灯会逐渐变亮，模拟太阳升起的光线变化，舒缓地把孩子从睡眠中唤醒，这有利于培养孩子按时起床的良好作息习惯。

4.2.3 儿童房必备智能照明模式

1. 月光模式：让温柔"月光"伴孩子入睡

"月光模式"是适合学龄前儿童的睡眠模式，在柔和如月光的朦胧灯光下，孩子能尽快进入梦乡。智能吸顶灯有"月光模式"，即灯光色温为 2700 K，亮度为 1%（图 4.14）。孩子在准备入睡前可以通过双击床头位置的蓝牙无线开关进入月光模式，然后再连续短按两次蓝牙无线开关，触发延时关灯功能。延时可以根据孩子的生物钟习惯提前设定好。比如月光模式 20 min 后，灯光逐渐变暗直到关闭。

色温：吸顶灯 2700 K
亮度：吸顶灯 1%

图 4.14 "月光模式"灯光效果图和照度伪色图

2. 起夜模式：培养儿童独立起夜的习惯

大多数智能灯都带有"小夜灯模式"，即亮度和色温较低，符合夜间起夜照明需求。比如，设置 22:00 至次日 6:00，孩子想要起夜时，可使用床头无线开关开灯或者人体传感器自动触发小夜灯模式。这样，孩子起夜时进入的将是低色温、低亮度的环境（图 4.15）。起夜活动结束后，孩子可手动关闭床头开关，或者提前设定好"自动延时关灯"时间，让灯光自动熄灭，最大程度让孩子在短时间活动之后又能快速进入睡眠状态。

色温：吸顶灯 / 床头灯 3000 K
亮度：吸顶灯 / 床头灯 10%

图 4.15 "起夜模式"灯光效果图和照度伪色图

3. 唤醒模式：培养儿童规律的作息习惯

像成年人一样，儿童也十分需要"唤醒模式"。儿童吸顶灯也内置"日光算法"。在太阳逐渐升起，孩子快要起床时，吸顶灯模拟太阳升起的光线变化（图 4.16），唤醒孩子美好的一天。用这种符合人体昼夜节律的方式，能尽快培养孩子自愿按时起床的习惯，比使用传统的闹钟效果要好。

色温：吸顶灯 2700 K
亮度：吸顶灯 20%

色温：吸顶灯 3500 K
亮度：吸顶灯 50%

色温：吸顶灯 4500 K
亮度：吸顶灯 100%

图 4.16　"唤醒模式"的灯光效果

4.2.4 一步一步，打造专属儿童的光环境

图 4.17 是使用儿童吸顶灯的儿童房灯具点位图。儿童吸顶灯功能齐全，配合蓝牙无线开关或者人体传感器，可以同时实现月光模式、起夜模式、唤醒模式。下面重点介绍儿童吸顶灯的多种使用方法。

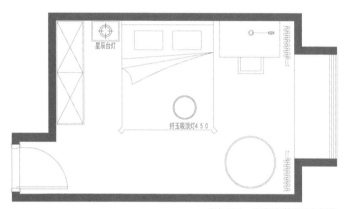

图 4.17　儿童房的灯具点位

表 4.2 和表 4.3 分别是儿童吸顶灯和蓝牙无线开关的相关参数。

表 4.2　儿童吸顶灯

灯具名称	灯具尺寸（mm）	功率（W）	色温（K）	灯具图片
智能儿童吸顶灯	$\phi 320 \times 73$	28	2700 ~ 5700	

资料来源：Yeelight 易来。

表 4.3　智能无线调光开关

设备名称	功能	基本参数	产品图片
智能无线调光开关（贴装版）	智能调光	无线连接：BLE 4.2 续航时间：每天使用 50 次，可使用两年 待机时间：3 年	

资料来源：Yeelight 易来。

4

人物篇

智能照明设计与应用

099

第三步：设置照明规则和智能联动规则

（1）连接设备至智能家居系统

按照产品使用指引，将灯具和智能联动设备连接到智能家居系统。

（2）配对无线调光开关与儿童吸顶灯

按照 App 中的操作指引，将无线调光开关与儿童吸顶灯配对（图 4.18）。

（3）打开"日出唤醒"功能

参考 3.3 节，开启"日光算法"功能。

（4）打开"延时关灯"功能

在 App 中打开儿童吸顶灯的"延时关灯"功能，并设置延时关灯的时间，如 15 min。

（5）打开儿童吸顶灯的小夜灯功能

如图 4.19 所示，根据作息时间设置"小夜灯模式"的开启和关闭时间，以及延时关闭的时间。

图 4.18　配对无线调光开关与儿童吸顶灯（图片来源：米家 App）

图 4.19　设置吸顶灯"小夜灯模式"（图片来源：米家 App）

4.3　学生家庭照明设计——孩子的近视越来越严重，你家的灯光合适吗

家有学生的父母会明显感受到，当孩子进入小学开启学生生涯后，课业压力会逐渐加重。除了书面作业外，现在还有在家用电脑上上网课的趋势。在繁重的学业压力下，再加上不注意健康用眼，许多青少年小小年纪就得了近视（图4.20）。近视问题俨然已成为一个社会性话题。呵护好孩子的眼睛，让他们拥有一个光明的未来，是每位父母的责任。孩子学习时的灯光是健康的吗？什么样的照明设计会减少对孩子视力的危害？我们应该为孩子创造什么样的智能照明环境？

图 4.20　学生近视问题日益严重

4.3.1　光环境对学生的影响

1. 照明舒适感对视力的影响

舒适的照明环境可以帮助孩子远离视觉器官上的疾病，预防近视。那家居光环境中，哪些因素会对身体有害呢？首先要提到的是蓝光危害。蓝光存在于大部分光源中，不管是太阳光、白炽灯还是 LED 光源都有蓝光。科学研究表明，短波蓝光可以穿透晶状体，直接损伤视觉细胞。青少年的眼睛还没有发育完全，若暴露在有蓝光危害的环境中极易受到损伤。再者，质量不过关的灯具会有严重的闪烁，尤其是老式的荧光灯管和部分低劣的 LED 灯具，其闪烁甚至还会引起呕吐，诱发疾病。

2. 影响学习积极性和效率

舒适的灯光环境在守护我们健康的同时，对我们的心理活动也有积极的影响。对于学生来说，如果能在舒适的照明环境中学习，不仅能缓解因课业压力造成的精神紧张，还能激发学习热情，从而提高学生学习和写作业的效率（图4.21）。这同样适用于上班族。在高档写字楼的办公室中，一般会把灯光色温设置为 4000 K 左右。这种灯光设置能带来明快、轻松的氛围，使我们的身心愉悦，调动我们学习或工作的积极性。

图 4.21　舒适的光环境能提高学习效率

4.3.2　学习环境照明设计原则

1. 使用专业读写台灯

在挑选学习时使用的灯具时，建议选购专业的读写台灯，而不是用普通的台灯或者床头灯代替。专业的读写台灯具备无可视频闪和无蓝光危害的光学性能。国家标准规定灯具频率在 3125 Hz 以上的是安全频率，其对人眼几乎没有影响。另外，被评估为蓝光危害级别最低的 RG0 级的台灯才是专业好台灯。

由于台灯离人的距离较其他灯具来说更近，所以要避免强光直射眼睛。这就要求读写台灯在能保障读写区域用光照度的同时，还要保证光源远离人眼睛的位置，达到"见光不见灯"的效果（图 4.22），这对保护青少年的视力作用很大。

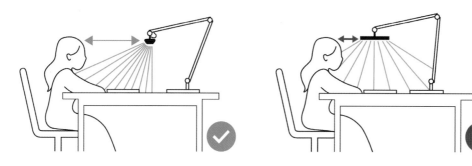

图 4.22　"见光不见灯"与强光直射对比

2. 切换读写、电脑两种模式

学生现在的学习方式多样化，在家中学习可能是完成书面作业，也可能是使用电脑上网课。而家长往往只关注孩子写作业时使用的台灯，而忽略了在使用电脑时也可以使用专业的灯具。我们在家办公也通常会使用到电脑。如果使用读写时用的台灯，往往会造成电脑屏幕反光,而且电脑下桌面的照度不均匀,长时间看电脑屏幕容易造成视觉疲劳。但是,如果使用专业的电脑屏幕挂灯,就能减少屏幕反光,并且提供均匀的桌面照明(图4.23)。因此,在设计适合学生或居家办公者的智能照明模式时,应考虑同时设计"读写模式"和"电脑模式",时刻提供在学习和工作时舒适的照明环境。

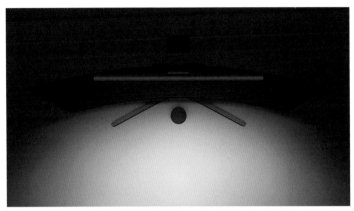

图 4.23　电脑屏幕挂灯提供照度均匀的桌面照明

3. 桌面照度均匀

桌面环境的照度过低或过高,都容易造成视觉疲劳。根据建筑照明标准,一般精细作业的照度要求达到 500 lx 以上(图 4.24)。另外照度的均匀度也是一个非常重要的指标。如果照度不均匀,会容易造成眼睛的负担,从而引起视觉疲劳。在为学生选择台灯或者屏幕挂灯时,可以参照现行《读写作业台灯性能要求》选用。根据规定,在进行读写作业的中央区域和边缘区域,灯具的照度和照度均匀度至少要达到 A 级,更好的台灯要达到 AA 级。

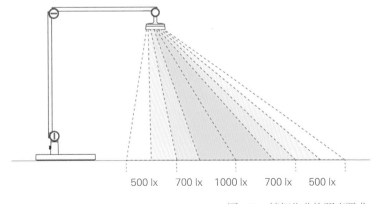

500 lx　　700 lx　　1000 lx　　700 lx　　500 lx

图 4.24　精细作业的照度要求

4. 不能忽视环境光的作用

许多父母都十分重视提醒孩子开台灯，却往往忽略了环境光的重要性。其实，好的光线是好的环境光和好的读写光共同打造的。读写光和环境光亮度对比太明显，也会造成视力疲劳。而光感智能台灯就能很好地解决"环境光是否合适"或者"台灯开多亮"的问题。因为光感智能台灯内置光线传感器，既可以感应环境光，也可以感应读写光，并能根据周围的光线变化推荐合适的读写光亮度。当然，优秀的照明环境只能尽可能降低近视的概率，预防近视还需要增加户外活动的时间，注意劳逸结合，控制好手机、电视等带屏设备的使用时间。

5. 使用高显色指数灯具

灯具的显色指数代表光源还原物体颜色的能力。太阳光的显色指数为 100，越接近这个数值，显色性越好。学生阶段的孩子会接触一些色彩比较丰富的书籍和玩具，好的显色性可以帮助孩子更好地进行视觉认知。并且高显色指数的灯具因为更接近自然光的表现，光线会更加舒服。

4.3.3　学生家庭必备智能照明模式

1. 读写模式：打造日常作业下好的光环境

在日常学习生活中，学生读写作业的时间最长，所以给孩子营造一个舒适护眼的读写光环境十分重要。如图 4.25 所示，在书房环境下除了环境光的光源（如吸顶灯）外，需要给学生配备一个专业的智能光感读写台灯。无可视频闪、高显色指数、RG0 级无蓝光危害等级等仅仅是一款优秀读写台灯的达标项。相较于传统的台灯产品，光感台灯的优势是充分考虑了我们在使用书桌场景下的使用习惯，通过先进的光学系统和软件系统设计，能自动调节光源的亮度和色温，节省了我们手动调节的时间和精力。

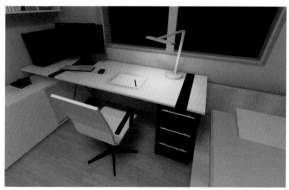
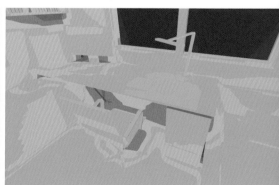

色温：吸顶灯 / 护眼台灯 4000 K

亮度：吸顶灯 / 护眼台灯 100%

图 4.25 "读写模式"的灯光效果图和照度伪色图

2. 电脑模式：完美解决使用电脑的用光问题

现在学生在家中上网课的时间增多，屏幕挂灯可以为显示器提供足够的照明（图4.26）。屏幕挂灯通过提供特殊的光型，可以解决显示屏幕反光的问题，并提供桌面作业或者办公的合适照度。有了屏幕挂灯，就不需要来回移动台灯给桌面补光，学生或者上班族可以一边看电脑一边记录笔记。

 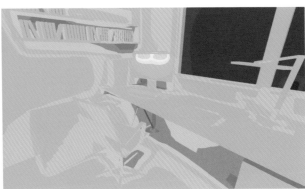

色温：吸顶灯 / 屏幕挂灯 4000 K
亮度：吸顶灯 / 屏幕挂灯 100%

图 4.26 "电脑模式"的灯光效果图和照度伪色图

4.3.4 一步一步，打造专属学生的光环境

第一步：设计灯具点位

环境光的灯具点位设计可以参考儿童房。重点是要在书桌给学生配备一台专业读写台灯，以及视情况选用电脑屏幕挂灯。

第二步：选购灯具和智能联动设备

表 4.4 列出了一款读写台灯和屏幕挂灯的相关参数，仅供参考。

表 4.4　学生使用灯具

灯具名称	灯具尺寸（mm）	功率（W）	色温（K）	数量（个）	灯具图片
智能光感读写台灯	322×468×425	12	3000～5000	1	
智能屏幕挂灯	ϕ23×448	5	2700～6500	1	

资料来源：Yeelight 易来。

第三步：设置照明规则和智能联动规则

（1）连接设备至智能家居系统

按照产品使用指引，将灯具连接到智能家居系统。

（2）调整环境光

当打开台灯的光感功能时，台灯会有指示灯显示当前环境光是否合适。指示灯为绿色代表当前环境光舒适，指示灯为红色代表当前环境光不合适，需要调整。在手机 App 中也能看到这个提示信息，如图 4.27 所示。

（3）设置时间管理模式

无论是学生学习还是上班族工作，都要注意劳逸结合。另外，低年级的学生正在学习习惯养成阶段，时间管理意识和习惯培养也有助于提高学习效率。手机 App 中已经根据不同场景的需要配置了五种时间管理模式，能满足学生和上班族的不同需求（图 4.28）。

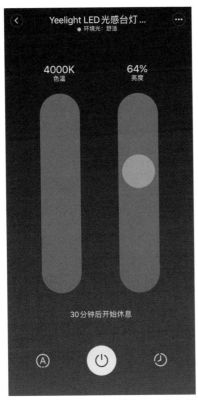

图 4.27　手机 App 提示当前环境光是否适宜（图片来源：米家 App）

图 4.28　设置时间管理模式（图片来源：米家 App）

4.4　老年人家庭照明设计——给他们无微不至的关怀

　　什么是好的养老环境？除了物质保障和医疗保障外，健康、舒适、便利的家居环境也是非常关键的因素。人口老龄化是 21 世纪中国面临的一个严峻问题，老年人视觉功能下降以及心理敏感等特点决定了其对光环境的特殊要求。随着产品、系统和设计水平的不断提高，智能照明通过软件和硬件的结合让照明方式更具人性化。因此，针对老年人群的智能照明设计，将能有效解决老年人的家居照明环境问题，为老年人营造一个舒适的光环境（图 4.29）。

图 4.29　老年人家居照明环境场景

4.4.1　光环境对老年人的影响

1. 对光的敏感度下降，眩光影响大

由于老人年的视网膜功能衰退，并且晶状体硬化、瞳孔收缩，导致眼睛的进光量减少，对光的感觉也逐渐减弱，因此老年人只有在较明亮的环境下才能有好的视力状况。但是如果环境光亮度过高，就有可能导致眩光的影响随之增大，且眼睛受到眩光影响后的恢复力减弱。另外，在同样的亮度下，老年人对色温高的光线会更加敏感，会比年轻人更加感到刺眼。所以，亮度过高和色温过高的光环境会影响老年人的视力健康。

2. "夜盲症"愈发明显，感光度下降

随着年龄的增长，老年人的角膜和晶状体逐渐变成浅黄色，导致大脑识别蓝色和绿色的能力减弱，形成"夜盲症"。因此，老年人在夜间的视力衰退现象更为明显。另外，偏蓝光易导致老年人眼睛黄斑病变。环境光明暗对比强烈或者颜色过于明艳的彩光，都会影响老年人眼睛的感光能力，从而影响其对周围事物的判断。

3. 对比灵敏度降低，对目标和背景区分困难

随着年龄的增长，人眼球的对比灵敏度会逐渐下降。因此，对目标和背景的区分，老年人需要更加清晰的边界和更明显的对比度。另外，如图 4.30 所示，老年人读书、看报时一般会驼背，导致其视点比年轻人低，视野范围较小。所以，为了能方便老年人更好地区分周围事物的边界，在老年人的高频动线上、室内墙转弯处以及容易滑倒的区域等重点区域，要十分注重照明设计。

图 4.30　老年人阅读场景
（图片来源：Pexels）

4.4.2　老年人家庭照明设计原则

1. 适当提高室内照度，使各区域亮度均匀

相对于年轻人和中年人，老年人居住环境的照度要更高一些，如表 4.5 所示。另外，老年人从较亮环境到较暗环境或者从较暗环境到较亮环境的适应性较差，因此灯光设计中要避免亮度的突变，局部照度和整体照度的比最多为 10 ∶ 1，最好控制在 3 ∶ 1 之内，避免由于亮度均匀性降低而导致人对光的适应能力减弱。

表 4.5　老年人居住环境照度标准

各区域照度对比（标准值∶老年人推荐值）	区域	照度标准值（lx）	老年人推荐值（lx）
交通区域（1∶3）	走廊、楼梯	100 ~ 150	300 ~ 450
一般照明（1∶1.5）	一般活动区域	100 ~ 200	150 ~ 300
	餐厅、厨房	150 ~ 500	200 ~ 750
	卫生间	100 ~ 200	150 ~ 300
局部照明（1∶2）	书写、阅读	200 ~ 350	400 ~ 750
	床头阅读	150 ~ 200	300 ~ 400
	精细作业	250 ~ 500	500 ~ 1000

资料来源：Yeelight 易来。

2. 选用高显色指数、防眩光的灯具

老年人对色差的识别能力较弱，对色相较接近的色彩，如红色和橙色，或蓝色和绿色的区分能力弱。选用显色指数较高的光源有利于老年人对室内色彩的正确分辨。同时，要注意采用多光源照明来达到较高的亮度，增加亮度的均匀性，不宜采用单个过亮的灯照明。此外，选择防眩光的高品质灯具十分必要，灯具也要做好遮光处理，避免直射人眼。

3. 高频动线及区域增加人体感应灯

老年人多行动不便，特别是在夜间活动时，所以应额外使用灯光作为夜间行走的引导线。如为照顾老年人起夜（图4.31），应在其卧室通向卫生间的走道及其他高频动线上，临墙离地高0.4 m处设置照明光源，以便增加其夜间行走的便利性和安全性。在灯具选择上，建议选择内置人体红外传感器和光敏传感器的无线小夜灯，其可以监测到环境中人体移动的信息，自动为老人开灯。另外，考虑到老年人使用小夜灯的场景较多（起夜、夜间找药品等），应选择有多种安装方式的小夜灯（如图4.31中的小夜灯，有磁吸、粘贴、悬挂三种安装方式）。

内置磁贴，可吸附至冰箱等金属表面　　背覆 3M 背胶贴纸，与安置表面轻松贴合　　后置挂钩，支持衣柜等多场景悬挂使用

图4.31　无线小夜灯的三种安装方式（图片来源：Yeelight 易来）

4. 多点控制，遵从老年人生活习惯

在不改变老人生活习惯的前提下，通过智能家居可提升老年人的生活幸福感，这也体现在其控制方式高效、简单以及稳定方面。控制开关应设置在明显且符合老人生活习惯的位置，如门前、床头。同时可在老年人的主要活动区域增加无线开关数量，但控制方式要简单易用，避免老年人由于行走不便或记忆力下降而无法准确控制灯光。另外，智能开关和传统开关可同时使用，以符合老年人的使用习惯为前提，尽量不额外增加老年人的学习成本。

4.4.3　老年人家庭必备智能照明模式

夜间模式：夜间活动无障碍，更安全

当老人起夜时，随手打开床头的智能调光开关，或床下的人体传感器感应到老人下床，

即触发吸顶灯的"月光模式"。然后，床下夜灯点亮，通往卫生间路上的小夜灯感应到人体靠近时也提前亮起，药品存放处的夜灯也会随时待命。当卫生间的门打开时，门磁传感器触发浴霸灯进入"月光模式"。图4.32展示了这一活动中不同区域灯光亮起的场景，这就是为老年人设计的"夜间模式"。当老人回到卧室后，随手用床头的调光开关关灯，或者在一段时间后人体传感器检测到无人移动时，所有灯自动关闭。图4.33是夜间模式下，卧室和卫生间在不同视角下的灯光效果图和照度伪色图。

图4.32 "夜间模式"下，灯逐渐亮起

色温：吸顶灯 / 壁灯 / 夜灯 / 浴霸灯 2700 K

亮度：吸顶灯 / 壁灯 / 夜灯 / 浴霸灯 10%

图 4.33 "夜间模式"在不同视角下的灯光效果图和照度伪色图

4.4.4 一步一步，打造专属老年人的光环境

第一步：设计灯具点位

老年人卧室中的灯具点位设计可以参考"助眠模式"。需要注意的是，我们需要在老年人起夜路线上和放置药品的柜子处安装感应小夜灯，给予老年人无微不至的关怀。

第二步：选购灯具和智能联动设备

如儿童房照明设计，使用床头的智能调光开关触发吸顶灯和壁灯亮起，在去卫生间的路上有多个小夜灯感应到人体活动而亮起。当打开卫生间的门时，门磁传感器触发卫生间浴霸亮起。在这个过程中，使用到了以下灯具（表4.6）和智能联动设备（表4.7）。

表4.6 "夜间模式"灯具

灯具名称	灯具尺寸（mm）	功率（W）	色温（K）	光束角（°）	数量（个）	灯具图片
智能吸顶灯	960×640	90	2700～6500	120	1	
智能壁灯	40×120×50	8	2700～6500	60	2	
感应小夜灯	84×84×36	0.25	2700～6500	—	4	
智能浴霸	600×300×173.5	15（光源功率）	2700～6500	—	1	

资料来源：Yeelight 易来。

照明设计与应用

表 4.7 "夜间模式"智能联动设备

设备名称	功能	基本参数	产品图片
智能无线调光开关（贴装版）	智能调光	无线连接：BLE 4.2 续航时间：每天使用 50 次，可使用两年 待机时间：3 年	
门窗传感器	感应卫生间门开，联动浴霸灯亮起	响应时间：15 ms 无线连接：Zigbee	
人体传感器	感应是否有人活动	最大探测距离：7 m 无线连接：Zigbee	
智能多模网关	蓝牙 Mesh 入网，智能联动	无线连接：Wi-Fi 2.4 GHz；Zigbee 3.0；蓝牙 5.0	

资料来源：Yeelight 易来、小米。

第三步：设置照明规则和智能联动规则

（1）连接设备至智能家居系统

按照产品使用指引，将灯具和智能联动设备连接到智能家居系统。

（2）开启小夜灯的感应模式

使用表 4.6 中的小夜灯时，将小夜灯的开关调到"Auto"档。只有在暗光环境下，感应模式才开启。此小夜灯的感应角度大至 120°，感应距离为正前方 5~7 m，侧面 2~3 m。

（3）设置卫生间智能联动规则

如图 4.34 所示，设置从晚上到第二天早晨（18:00 至次日 7:00），当卫生间的门窗传感器感应到门开时，浴霸的灯亮起。然后，当人体传感器探测到 20 min 内无人移动时，浴霸的灯自动关闭。

图 4.34　卫生间智能联动规则（图片来源：米家 App）

5

智能照明设计与
应用——氛围篇

灯光，除了基本的照明功能外，还有哪些功能呢？在没有智能照明技术前，灯光设计师可能也无法想象，灯光的呈现方式可以如此多种多样。照明不但可以满足人们的生活需求，而且有助于人们的情感表达和互动。无论是闲暇时和家人一起看电影，还是独自打电脑游戏；无论是和好友小聚，共享节日大餐，还是独享二人世界的烛光晚餐；无论是下棋、作画，还是品茶、静思，空间中的光线都对人们的情感传递发生作用。在所有光源的种类中，最能够烘托气氛的当属彩光。彩光也是一些高级的商业场所常使用的照明设计元素，如星级酒店、高档商场、西餐厅等。通过智能照明设计，我们也能在家中营造出这些高级的灯光氛围（图5.1）。

图 5.1　智能照明设计营造出的灯光氛围

5.1　观影模式——在家中打造私人电影院

客厅是家庭会客的重要场所，是家的门面。这里不仅是家人待在一起时间最长的地方，也是我们和朋友相聚的共享空间。以往我们对客厅的照明设计，是以装饰灯具为主来凸显客厅的明亮、大气。但是对于年轻人来说，这种照明设计缺少活力和氛围。比如很多年轻人喜欢把客厅打造成家庭影院，在家中看电影时也能体验到在影院看电影的乐趣。

同样，我们通过对影院或者当下很流行的私人影院的照明设计的分析，利用智能照明产品就能在家中客厅打造专属电影院（图5.2）。此外，我们可以利用智能灯和智能电视的"拾色"联动功能，把电视中播放的场景颜色通过智能灯投射出来，让观影更具沉浸感。

图 5.2 "观影模式"场景

5.1.1 解密电影院照明设计

1. 彩光增加戏剧性效果

不管是大型电影院，还是近几年新兴的私人电影院，恰当的灯光和照明设计既能提升影院档次，又能为观影者提供非凡的观影体验，从而为影院赢得更高的上座率。无论是图5.3展示的电影院照明设计，还是图5.4展示的私人电影院照明设计，室内装饰和灯光效果相互呼应，在彩色灯光的照射下，加强了室内的戏剧性效果，使整个空间充满了趣味，带给人们不一样的观影体验。

2. 匹配电影类型的彩光

电影院会用筒灯和射灯做功能性照明，满足观众观影前和离场时的照度需求。同时，影院会用彩光灯带做氛围照明，凸显整个空间设计的艺术感及氛围感。另外，现在很多电影院也配备了专业的商业智能照明系统，基本都会选用可调光的灯带。此处的照明开关由大空间照明配电箱内自动开关来开启或关闭，小空间由跷板开关来开启或关闭。所以，电影院会根据放映电影类型的不同，将灯光调成不同的颜色，在电影放映前，就提前将观众带入电影气氛中。一般情况下，电影院会将氛围光调成统一的色调，如常使用的红色、蓝色或紫色。有些电影院可以控制不同区域的光的颜色，形成混色的效果，增加空间的层次感。表5.1列举了不同电影类型适合的灯光颜色，仅供参考。

图 5.3　电影院照明设计（图片来源：Pexels）

图 5.4　私人电影院照明设计（图片来源：Pexels）

表 5.1　灯光色调与电影类型的关系

灯光色调	区域	电影类型
红	热情、激烈、勇敢、危险、格斗、战争	动作片、战争片
橙	威胁、诱惑、日落、秋天	悬疑片、文艺片
黄	快乐、光明、期待、阳光、青春	动画片、青春片
绿	平静、悠闲、安全、草原、森林	纪录片、故事片
蓝	神秘、冷静、悲伤、天空、海洋、月夜	科幻片、灾难片
紫	浪漫、高贵、优雅、幻想、梦、虚幻	爱情片、传记片

5.1.2　复制电影院照明设计的要诀

1. 会客模式：观影模式的照明设计基础

当我们想在家中把客厅打造成私人电影院时，要考虑到客厅的主要功能还是以家庭共享空间和会客为主。我们把客厅的这种通用模式取名为"会客模式"，一般用于家人的日常活动或者有客人到访时。所以，在设计客厅通用照明时，还要考虑观影模式的灯光布局，通过一种灯光布局实现两种模式。

一般客厅中用到的灯具包括筒灯、射灯和灯带。灯带使用彩光灯带，在做基础照明的同时，可以在观影模式中成为烘托气氛的主力。电视墙和沙发背后的墙可以用洗墙灯打亮。在"会客模式"下，设置合适的色温和亮度，使整体的灯光氛围偏明快又不失温馨（图 5.5）。我们也可以利用灯具的分区功能，将高、中、低不同区域的灯设置为不同的亮度，凸显空间的层次感。

2. 观影模式：复制电影院的彩光氛围

我们在设计"观影模式"时，可以将整体环境光调暗，但茶几上方筒灯的亮度可以稍亮，方便看电影时拿桌上的零食和饮料。如图 5.6 所示，我们借鉴电影院的彩光设计，将天花板灯带颜色设为彩色，如蓝色，电视柜下方的灯带可设为红色。这样的彩光设计，能让我们感受到电影院的沉浸式彩光氛围。

色温：天花射灯 / 斗胆灯（双头射灯）/ 灯带 3500 K

亮度：天花射灯 / 斗胆灯（双头射灯）/ 灯带 100%

图 5.5 "会客模式"的灯光效果图和照度伪色图

色温：斗胆灯（双头射灯）2700 K

颜色：天花板灯带蓝色／电视柜下方灯带红色

亮度：斗胆灯（双头射灯）5%／灯带 20%

图 5.6 "观影模式"的灯光效果图和照度伪色图

3. 智能拾色：跃出屏幕的精彩

因为电影的屏幕比观众的视野要大，所以即使观影时电影院是黑暗的环境，观众也不会感到眼睛不舒服。而普通电视机的屏幕则比观众的视野要小，因此在明亮的电视机屏幕与黑暗的背景之间，必须有一个亮度过渡，这样眼睛才不会过分紧张，长时间观看后才不易疲劳，同时对获得最佳的彩色分辨率也是有利的。所以一般在电视机背后的位置增加灯带的设计，以起到亮度过渡的作用。

当你坐在沙发上看电影的时候，想象一下，你家电视墙的色彩将与电影中的色彩实时同步，这种极度沉浸式的体验将会带来极致的观影感受（图 5.7）。比如，当电影画面是美丽的日落时分，灯光也呈现出日落时的橙红色。这种效果可以用智能灯具实现吗？答案是肯定的。

色温：斗胆灯（双头射灯）2700 K

颜色：天花板灯带蓝色 / 电视柜下方灯带红色

电视墙灯带"拾色"电视屏幕画面颜色

亮度：斗胆灯（双头射灯）5% / 灯带 20%

图 5.7 "观影模式"的照明效果图和照度伪色图

小米智能电视和易来智能照明的部分彩光灯具通过拾色功能的智能联动就能轻松实现。拾色功能是将电视画面按照面积划分成四个区域（图5.8中的A区、B区、C区、D区），也叫四个热区。每个彩光设备可以投射到每个热区。灯光的颜色是和此热区RGB色值的平均值相同的。所以，我们能够看到的效果就是电视画面像是溢出了屏幕。在观看场面颜色丰富的科幻片、动作片、动画片时，拾色功能能带给我们绝佳的观影感受。

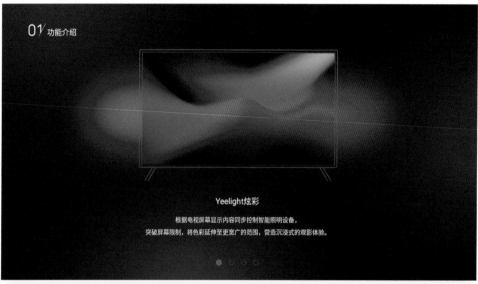

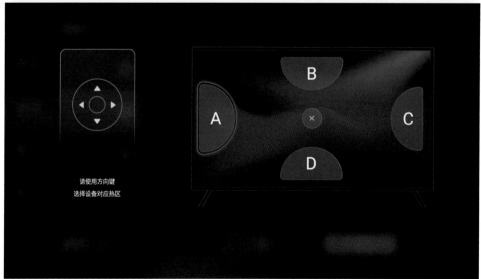

图5.8　智能拾色功能页面展示（图片来源：Yeelight易来）

5.1.3　一步一步，轻松打造私人电影院

第一步：设计灯具点位

如果在客厅的照明设计中，想同时体现"会客模式"和"观影模式"两种照明效果，可以使用射灯和斗胆灯（双头射灯）做主要照明，用灯带做氛围照明（图5.9）。在这一节中介绍的"会客模式"和"观影模式"，与前边章节中介绍的"回家模式"和"离家模式"，主要都是针对客厅的照明设计。也就是说，在同一家居空间中，可以使用同一套智能照明产品，设计不同的照明场景，满足我们不同的生活需求。

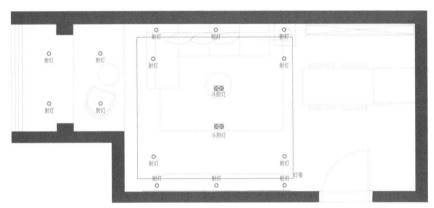

图5.9　"观影模式"或"会客模式"灯具点位

第二步：选购灯具和智能联动设备

表5.2列出了该灯具点位设计下的灯具清单，表5.3列出了相关智能联动设备，仅供参考。此外，如果想要体验极致的观影效果，可以加入智能窗帘的联动。当对智能音箱说"我要看电影"时，智能窗帘自动关闭，同时智能照明系统开启"观影模式"。即使在白天，你也可以享受如坐在电影院中的观影氛围。

表 5.2 "观影模式"或"会客模式"灯具

灯具名称	灯具尺寸（mm）	功率（W）	色温（K）	光束角（°）	数量（个）	灯具图片
射灯	ϕ 93 × 73.5	10	2700 ~ 600	24	10	
斗胆灯（双头射灯）	ϕ 180 × 90 × 95	10	2700 ~ 6500	24	2	
灯带	标准长度 1 m	4 W/m	RGB	120	20 m	

资料来源：Yeelight 易来。

表 5.3 "观影模式"或"会客模式"智能联动设备

设备名称	功能	基本参数	产品图片
智能窗帘电机	联动，定时关闭窗帘；Wi-Fi 蓝牙双模，可作网关	输出转速：80 r/min 移动速度：12 cm/s 轨道承重：最大 50 kg 无线连接：Wi-Fi 2.4 GHz；蓝牙 4.2 BLE	
智能语音音箱	联动，向智能音箱发出指令	显示屏尺寸：93 mm×55 mm 无线连接：Wi-Fi 2.4 GHz；蓝牙 5.0	
智能多模网关	蓝牙 Mesh 入网，智能联动	无线连接：Wi-Fi 2.4 GHz；Zigbee 3.0；蓝牙 5.0	

资料来源：Yeelight 易来、小米。

第三步：设置照明规则和智能联动规则

以图 5.6 和图 5.7 的设计为例，进行以下设置。需要注意的是，以下只是通用的操作方法，具体设置步骤要根据设备的实际情况而定。

（1）连接设备至智能家居系统

按照产品使用说明的指引，分别将灯具、智能窗帘和音箱连接到智能家居系统。

（2）设置灯具的分组

将除茶几上方的灯以外的筒灯或射灯编为一组，将天花板灯带编为一组，方便在以后的操作中对灯组进行统一控制。

（3）添加语音控制指令以及灯具控制规则

这里以小米智能音箱设置为例，如图 5.10 所示。打开"小爱同学"App，添加训练，以便能用语音控制智能家居。首先，添加语音指令"我要看电影"。然后，添加对灯具和窗帘电机的控制：关闭窗帘，将茶几上方的灯的亮度调到最低，将天花板灯带和电视柜下灯带分别调为蓝色和红色，其余灯关闭。

图 5.10 "观影模式"的语音控制指令以及灯具控制规则（图片来源：小爱同学App）

照明设计与应用

（4）打开局域网控制模式

如果想要对电视机背后的灯带开启智能拾色功能，需要在 Yeelight App 中开启灯带的局域网控制模式（图 5.11），并且保证灯带和电视处于同一个网络下。

图 5.11　打开灯具的局域网控制（图片来源：Yeelight App）

（5）开启智能拾色功能

如图 5.12 所示，首先打开小米电视，找到"Yeelight 电视伴侣"应用程序，扫描并自动添加灯带。然后使用遥控器的方向按键，将灯带对应到热区。每根灯带只能对应到一个热区，但是每个热区可以有多个设备。所以，如果有四根灯带，可以分别将四根灯带对应到 A、B、C、D 四个热区；如果只有一根或者两根灯带，可以将其对应到一个或两个热区。

至此，私人电影院就打造成功了。

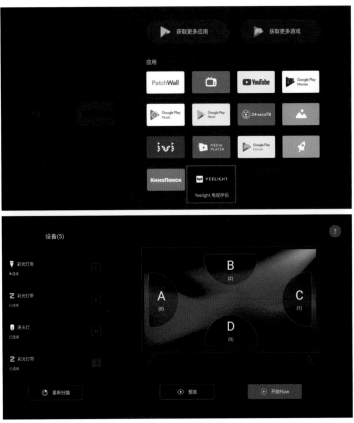

图 5.12　智能拾色功能操作演示（图片来源：Yeelight 电视伴侣 App）

5.2　游戏模式——把最酷的电竞室"搬"回家

　　虽然现在人人家中都有电脑，但依然有很多爱玩游戏的玩家选择去电竞室或者网吧。玩家喜欢沉浸在电竞室的氛围中玩游戏，但公共场所难免少了几分随意和针对私人的定制化环境。既然是放松心情的休闲时光，何不让充斥着归属感的家变成你的专属电竞室呢？利用智能彩光产品，把自己的卧室或书房及电脑装扮一下，打造一套拥有仪式感和氛围感的电竞小屋，让你在私密的氛围中享受完美的游戏时光（图 5.13）。如果灯光可以根据游戏角色的状态，匹配不同的灯光效果，是不是比电竞室更加炫酷呢？

图 5.13　"游戏模式"场景

5.2.1　解密电竞室照明设计

专业的电竞室除了设备精良外，十分注重打造空间氛围。相比其他场所，电竞室带给游戏玩家的是超越现实的未来感与科技感。其实，许多游戏玩家为了在家中也能体验到电竞室的游戏氛围，会借鉴电竞室的照明设计，来"装扮"自己家中的游戏空间（图 5.14）。

图 5.14　游戏玩家家中照明设计（图片来源：Pexels）

玩家在玩游戏时，希望身临其境，感受游戏场景的气氛。在照明设计中，最适合营造酷炫氛围的当属 RGB 彩光。蓝色、绿色、紫色等色调的灯光，最适合营造酷炫氛围。在灯具选择上，电竞室会使用大量灯带来装饰空间，因为灯带的线条感效果同样可以凸显科技感。游戏玩家打造家中的电竞室时，也会将彩色灯带安装在显示屏后边来烘托气氛。

5.2.2 复制电竞室照明设计的要诀

1. 游戏事件联动：让灯光响应游戏事件

电竞室一般都是用彩色灯带来装饰天花板、墙壁等。对于游戏玩家来说，代入感并不强，主要是因为灯光的颜色是固定的，且灯光无法实现和游戏的联动。而智能彩光灯就能很好地解决这个问题。

试想在你玩游戏时，有这样一种装置可以实时根据游戏角色的状态映射出不同颜色的灯光，如图 5.15 所示：当游戏角色受到伤害，血量不足时，灯光会变成红色；当补充能量时，灯光又会慢慢变成绿色；甚至在卧倒或者击杀对手时，都可以根据游戏玩家的喜好配置不同的灯光效果。这样是不是很酷？

图 5.15　游戏动作和灯光联动效果（图片来源：Yeelight 易来）

如此炫酷的效果主要是借助 Overwolf 平台实现灯光和游戏动作的联动。Overwolf 建立了开放的游戏应用及服务平台，提供了数百款热门游戏的应用，包括实时指导服务、数据分析和视频录像工具（图 5.16）。易来照明和 Overwolf 合作发布了一款游戏体验的创新型工具，该工具能够捕获游戏中的关键事件，同时将这些事件映射到不同的灯光场景。玩家可以为这些游戏场景配置不同的灯光效果，增强游戏体验。例如，在游戏中获得了胜利，那么玩家可以将"胜利"这一事件映射到灯带上，灯带的颜色、闪烁频率和节奏就能体现这一游戏事件。后面将详细介绍如何配置灯和 Overwolf 平台的联动。

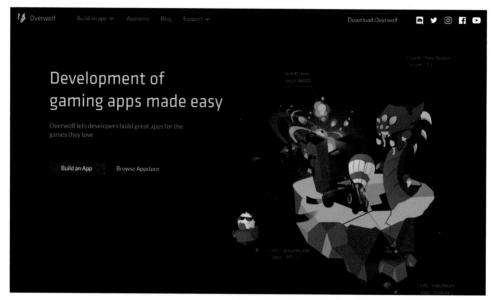

图 5.16　Overwolf 平台网站（图片来源：Overwolf）

2. 音乐律动与流光：更动感的光

Overwolf 目前的网站信息只有英文，所以如果觉得 Overwolf 的配置过程有些麻烦，那也可以使用智能灯自带的"音乐律动"或"流光"功能来实现类似的体验效果。音乐律动功能是指彩光会根据音乐的节奏随机变换不同的颜色，仿佛灯光就是跳跃的音符。音乐律动有两种模式，其中一种是"麦克风模式"。在玩游戏时，可以打开"麦克风模式"，手机麦克风收集到游戏的声音后，灯光的颜色会随着声音的变化而变化（图 5.17）。

另一种流光功能，类似于跑马灯的效果。如图 5.18 所示，在设置完灯效的四个主色调、流光速度和亮度后，智能彩光灯就能循环呈现变换多彩的灯光。在动感的流光氛围下，游戏玩家更容易沉浸在游戏氛围中。

图 5.17　手机 App 中的音乐律动功能
（图片来源：Yeelight App）

图 5.18　手机 App 中的流光功能（图片
来源：Yeelight App）

5.2.3　一步一步，轻松打造家庭电竞室

第一步：设计灯具点位

"游戏模式"的灯具点位设计可以尽情发挥游戏玩家们的想象力。以图 5.15 中展示的"游戏模式"为例，除了在电脑显示屏后粘贴彩光灯带外，可以任意在电脑桌周围放置可以发出彩光的智能灯具，如床头灯、落地灯、彩光灯泡等。

第二步：选购灯具

无论是实现游戏事件联动，还是音乐律动与流光功能，都不需要额外的智能联动设备，表 5.4 是可供参考的具有彩光功能的智能灯具。

表5.4 "游戏模式"灯具

灯具名称	灯具尺寸（mm）	功率（W）	色温（K）	光束角（°）	数量（个）	灯具图片
灯带	标准长度1m	4W/m	RGB	120	20m	
落地灯	240×246×1625	12	2700～6500 WRGB	120	1	
床头灯	φ140×100	5	2700～6500 WRGB	120	1	

资料来源：Yeelight易来。

第三步：设置照明规则和智能联动规则

（1）打开灯具的局域网控制模式

如果想要开启彩光灯具与Overwolf平台的游戏事件联动功能，首先需要开启灯具的局域网控制模式（图5.19），并且要保证灯具和电脑处于同一个网络下。

图 5.19　打开灯具的局域网控制（图片来源：Yeelight App）

（2）下载 Overwolf 软件并安装（详情请参考 https://www.overwolf.com/）（图 5.20）

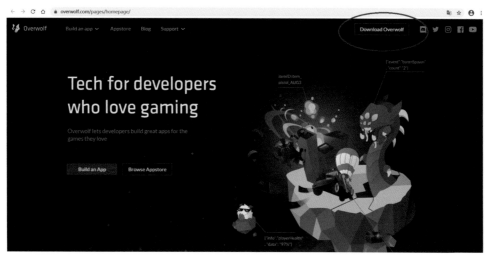

图 5.20　下载 Overwolf 软件页面（图片来源：Overwolf）

（3）按照网页提示，配置游戏事件联动插件（图5.21）

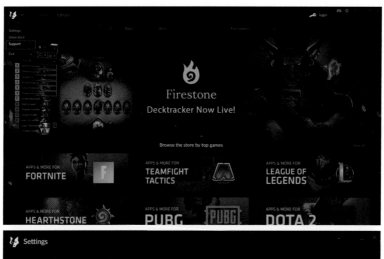

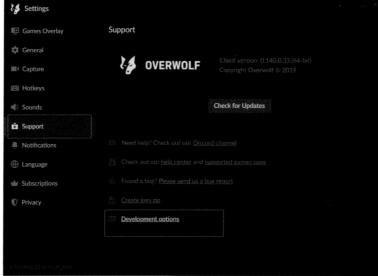

图5.21　在 Overwolf 平台配置插件（图片来源：Overwolf）

（4）配置灯效

在出现的设备列表中选择需要使用的灯具，并选择灯具对应的事件，默认为全选（图5.22）。

这样，游戏事件联动的配置过程就结束了，现在你可以开启"游戏模式"，将身体与精神沉浸在游戏世界里，感受光的神奇能量。

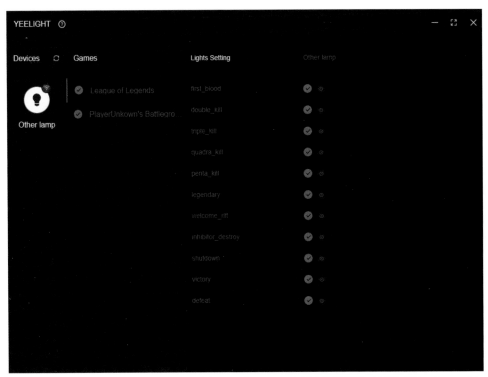

图 5.22　在 Overwolf 平台配置灯效（图片来源：Overwolf）

5.3　用餐模式——百变餐吧，星级体验

中餐厅的热闹，西餐厅的浪漫，咖啡厅的幽静，酒吧的格调，每一处用餐环境的空间设计各有不同。朋友小聚，家庭聚会，人们选择一个餐厅不再仅仅是因为菜肴的美味，餐厅的环境和氛围也是很受人们关注的因素。尤其是那些星级餐厅或者"网红"餐厅，通过装饰设计和照明设计将氛围营造得恰到好处，又不失档次。我们"搬"不走星级餐厅的硬装、软装，却能将星级餐厅的照明环境"搬"回家。利用智能照明的场景模式功能，可以将中餐厅、西餐厅、酒吧的灯光一次性"搬"回家，打造私人定制的百变餐吧。足不出户，就能在家享受星级餐厅和酒吧的用餐体验（图 5.23）。

图 5.23 "用餐模式" 场景

5.3.1 解密星级餐吧照明设计

1. 装饰性吊灯的合理使用

餐厅是享受美食的场所,灯光需要表现的,一是餐桌,二是餐桌上的美食,三是周边氛围。餐厅的照明也是根据餐厅的性质(中餐厅、西餐厅、日式餐厅等)和装饰风格来设计。图 5.24 是某中式餐厅的照明设计展示,代表了部分高档中餐的风格。中餐厅

图 5.24 高档中餐厅照明设计(图片来源:Pexels)

的灯光表现较细腻，一般高档中餐厅多采用隐藏式灯光，也就是灯带隐藏在圈顶或者天花板灯槽内。当然，餐桌上方一般会使用装饰性较强的吊灯作为主灯，起泛光照明的作用，在满足空间装饰性要求的同时，能给人们就餐和交谈带来一个舒适的照明环境。

图 5.25　高档西餐厅照明设计（图片来源：Pexels）

　　如图 5.25 所示的是某星级西餐厅，也是部分高档西餐厅照明设计的代表。西餐厅的功能性照明灯具不多，但是常用各种装饰性灯具营造氛围。另外，西餐厅也常使用彩光来塑造个性。

　　设计师在进行餐厅的照明设计时，应根据餐桌的长度来选择合适的装饰吊灯，否则可能会导致布光不协调。同时，安装吊灯时要注意吊灯与餐桌的距离要合适。如果吊灯与餐桌太近，有可能会造成就餐时，吊灯产生眩光。

　　按照出光方式划分，如图 5.26 所示，吊灯可分为以下几种：全方位扩散型、遮光型灯罩、透光型灯罩和直线型。另外，各种吊灯组合的排布方式给人的感觉也不相同（图5.27）：大尺寸的灯具在底部会显得更稳重一些，小尺寸的灯具在底部就会有灵动的感觉。餐厅有装饰性较强的背景或装饰画的话，可以局部使用射灯来重点表现，营造出星级酒店的就餐氛围。

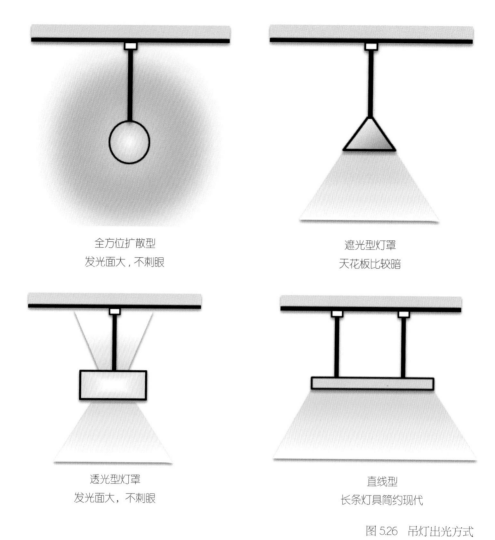

全方位扩散型
发光面大，不刺眼

遮光型灯罩
天花板比较暗

透光型灯罩
发光面大，不刺眼

直线型
长条灯具简约现代

图 5.26　吊灯出光方式

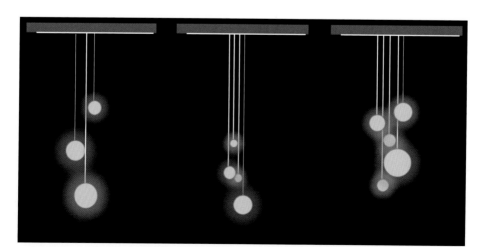

图 5.27　吊灯组合的排布示意

2. 让美食更美味的光

菜肴讲究色、香、味、形俱全，其中"色"占据首位。若受到冷色光的照射，也就是高色温光的照射，将直接影响菜肴的"色"，从而影响人的食欲。所以，绝大多数餐厅的光源会采用暖色光（图 5.28）。在之前的章节中，我们曾提到了灯光的显色指数，也就是色彩的还原度。通常情况下，高档餐厅一般会选择显色指数 $R_a \geq 90$ 的灯具。如图 5.29 所示，灯具的显色指数越高，就越能还原食物的本来颜色，从而给我们一个好的就餐心情。

图 5.28　暖色调光、冷色调光下的食物

图 5.29　高显色指数、低显色指数灯光下的食物

3. 用彩光营造酒吧氛围

酒吧文化是整个餐饮文化中很重要的一部分。酒吧是最需要烘托气氛的一个场所。如何为酒吧做照明设计呢？以图 5.30 所示的酒吧为例，首先其在吧台上方，使用下垂的固定式吊灯，起到泛光照明作用。照明设计的重点是应用洗墙式 RGB 彩光，以及环绕吧台的彩光灯带来营造氛围。

图 5.30　酒吧照明设计（图片来源：Pexels）

5.3.2　复制星级餐吧照明设计的要诀

1. 用餐模式：和家人朋友共享美食

餐厅的智能照明设计首先要满足我们日常的用餐需求。所以，餐厅整体的灯光氛围要舒适温馨，能让家人以放松的心情享受美食。考虑到中国人的生活习惯，可以借鉴高档中餐厅的照明设计，如图 5.31 的灯光效果图所示，使用射灯和灯带照亮天花板。在餐桌上方安装高品质、高显色指数的吊灯，既能均匀打亮餐桌桌面，又能使美食看起来更可口。

色温：射灯 / 吊灯 / 灯带 3000 K

亮度：射灯 / 吊灯 / 灯带 100%

图 5.31　"用餐模式"的灯光效果图和照度伪色图

2. 浪漫模式：享受西餐厅的浪漫

如果我们想要在家享受浪漫的烛光晚餐或者西餐，可以借鉴西餐厅环境的照明设计，将餐厅整体空间的环境光调暗（射灯调暗或者关闭），将餐桌上方的吊灯调成低色温，天花板的彩光灯带可以调成浪漫的紫色来烘托气氛（图5.32）。

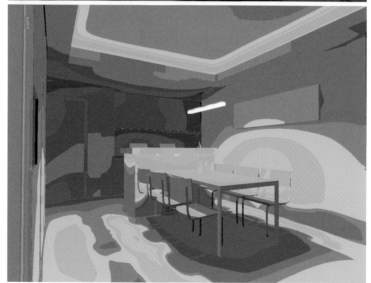

色温：吊灯 2700 K
颜色：灯带 紫色
亮度：吊灯 / 灯带 75%

图 5.32 "浪漫模式"的灯光效果图和照度伪色图

3. 酒吧模式：魅力无限的个性灯光

如何将家里的餐厅打造成年轻人喜欢的酒吧呢？在"用餐模式"和"浪漫模式"中，因为人的活动主要聚焦在餐桌，所以主要使用高段和中段的照明灯具，打亮餐厅的上半个空间。而在"酒吧模式"中，我们希望在整个餐厅的空间中营造酒吧的氛围，所以高、中、低三段的照明要分段设计。

如图 5.33 所示，高段利用彩光灯带（紫色和橙色）来烘托整体氛围。中段除吊灯外，可以用射灯做洗墙灯。低段的照明主要是在吧台底部使用环绕吧台的灯带作为辅助照明，同时将低段空间的氛围感打造出来。

色温：吊灯 2700 K
颜色：灯带 / 射灯
　　　紫色、橙色
亮度：吊灯 / 射灯 /
　　　灯带 75%

图 5.33　"酒吧模式"的灯光效果图和照度伪色图

5.3.3 一步一步，轻松打造家庭星级餐吧

图 5.34 是餐厅的灯具点位设计，主要用到了射灯、灯带和吊灯三种灯具。虽然灯具种类不多，但可以通过灯具的合理布局以及智能灯具的可调节功能，轻松实现满足不同用餐需求的模式。

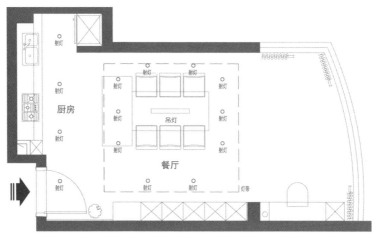

图 5.34　餐厅灯具点位

根据图 5.34 的灯具点位图，可选用表 5.5 所列的相应灯具。

表 5.5　餐厅灯具

灯具名称	灯具尺寸（mm）	功率（W）	色温（K）	光束角（°）	数量（个）	灯具图片
嵌入式圆形射灯	$\phi\,93 \times 73.5$	10	2700～6500	36	13	
皓石吊灯	$900 \times 70 \times 40$	33	2700～6500	120	1	
彩光灯带	标准长度1m	4 W/m	RGB	120	15 m	

资料来源：Yeelight 易来。

第三步：设置照明规则和智能联动规则

如果要在餐厅中实现"用餐模式""浪漫模式"和"酒吧模式"三种不同的灯光效果，应设置合理的照明规则。可以通过智能家居系统手动打开该模式，或者通过语音音箱指令，来实现模式的切换。这里，我们以常用的语音音箱指令，来触发各种模式的切换。

（1）连接设备至智能家居系统

按照产品使用说明，将灯具和音箱连接到智能家居系统。

（2）设置灯具的分组

将餐厅和厨房的射灯编为一组，将天花板灯带编为一组，以便在以后的操作中对灯组进行统一控制。其余灯具都是单个进行控制。

（3）添加语音控制指令以及灯具控制规则

这里以小米智能音箱设置为例，如图 5.35 所示，打开"小爱同学"App，添加训练。首先，自定义语音指令，如"我要吃饭了""打开西餐模式""打开酒吧模式"等。然后，添加设备控制规则。当对语音音箱发出不同指令时，灯光能自动调节到相应的模式。

图 5.35 "用餐模式""浪漫模式""酒吧模式"的语音控制指令以及灯具控制规则（图片来源：小爱同学 App）

5.4 迎客模式——紫气东来，祥云西去

中国文化博大精深，源远流长，例如大家都很熟悉的"紫气东来，祥云西去"一词。"紫气东来"讲的原本是老子出函谷关时，关令尹喜提前看到有紫气从东方升起，就猜测是有贵人光临，不久，果然是老子骑着青牛而来。紫色也因此常被用来代表吉祥如意，

是我国传统文化中非常受欢迎的颜色。祥云的主要色调是红色和金色，传说中是神仙所驾的彩云，在传统文化中同样是好运、财运、福气的象征（图5.36）。这句话经常被人贴在大门两旁，寄托人们期盼美好生活的心愿。

很多家庭特别注重传统文化，特别是在买房置业时，都希望能够住进好的环境。这时，我们就可以利用智能照明的色彩控制能力，在家居环境中融入紫色、金色等有吉祥寓意的颜色。

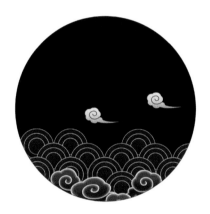

图5.36　祥云图案示意

5.4.1　解密星级酒店走廊照明设计

如果您留心观察，就会发现，国内很多高档酒店的走廊中，随处可见紫光、红光的照明设计，就是为了让客人走在有紫气和祥云烘托氛围的走廊中时，有尊贵、吉祥的心理感受。那些全球知名的时尚品牌酒店也常利用彩色光影和空间的交织，塑造出现代设计艺术与传统文化交融的效果。

5.4.2　传统文化融合照明设计的要诀

1. 迎客模式：让客人感受到尊贵感

玄关是我们进入家门后的第一个空间，其重要性仅次于大门。如何在玄关和走廊处设计出"紫气东来，祥云西去"的效果呢？我们可以借鉴酒店的设计，使用紫色、红色或深橙色的彩光。但是单独使用高饱和度的紫色，很难达到灯光晕染的效果。所以可以根据玄关和走廊的空间结构，合理结合使用白光和紫光，通过反射和色彩分层，实现立体感的效果。

以图5.37所示的户型为例，我们将入户走廊的空间分成两部分（图5.38），靠近走廊尽头的空间区域设计成紫光区域，即"紫气东来"的设计；靠近入口的空间区域设计成红黄光，即"祥云西去"的设计。客人进门时，能立刻产生尊贵感。

图 5.37 向南客厅、西门进户的大平层户型示意

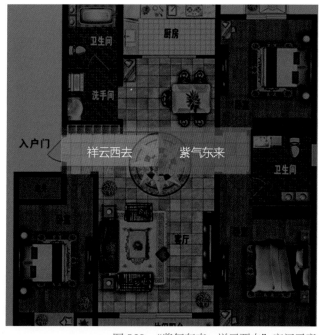

图 5.38 "紫气东来，祥云西去"空间示意

在图 5.39 的灯光效果图中，主要是通过走廊的天花板内嵌在石膏板内的射灯照亮整个通路，作为主要照明。并且在墙体两侧和天花板两侧装有彩光灯带，来烘托气氛，其灯光主要为橘黄色和紫色。不过要注意彩光灯带一定要出光柔和，才能营造出"紫气东来，祥云西去"的视觉效果。同时为了便利，靠近地面两侧可以用灯带做辅助照明，帮助人们入户和出户时在穿鞋、系鞋带时光不被身影遮住。另外，对于走廊长度较短的户型，也可以只在天花板两侧安装彩光灯带，然后同样将空间的前后两部分分别配置橘黄光和紫光（图 5.40）。

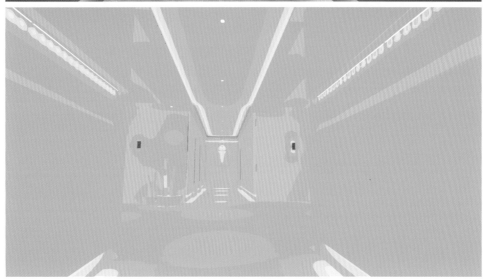

色温：射灯 / 壁灯 3000 K

颜色：灯带 橘黄色、紫色

亮度：射灯 / 壁灯 / 灯带 100%

图 5.39 "迎客模式"灯光效果图和照度伪色图

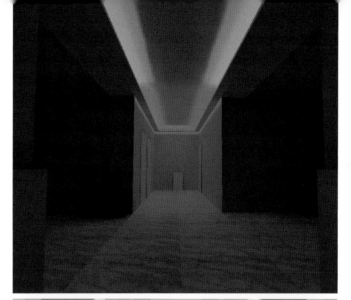

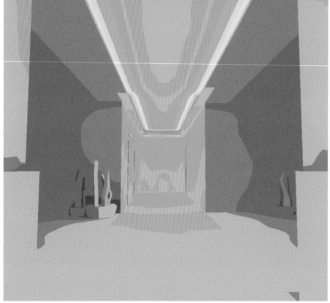

颜色：灯带 橘黄色、紫色

亮度：灯带 100%

图 5.40　入门版"迎客模式"灯光效果图和照度伪色图

5.4.3　一步一步，轻松打造迎客模式

第一步：设计灯具点位

　　走廊的灯具点位设计十分简单，可以参考图 5.38 的灯光效果图。从高段向低段看，高段的照明主要是天花板中间的射灯，以及天花板两侧的彩光灯带；中段照明使用壁灯和灯带；低段照明使用的也是灯带。

第二步：选购灯具

　　在图 5.39 中，用到了三种灯具，如表 5.6 所示。

表 5.6 "迎客模式"灯具

灯具名称	灯具尺寸（mm）	功率（W）	色温（K）	光束角（°）	数量（个）	灯具图片
嵌入式圆形射灯	ϕ 93×73.5	10	2700 ~ 6500	36	6	
彩光灯带	标准长度 1 m	4 W/m	RGB	120	18 m	
壁灯	100×30×50	8	2700 ~ 6500	120	2	

资料来源：Yeelight 易来。

第三步：设置照明规则和智能联动规则

不同于"回家模式"，在日常生活中并不会每天都能用到"迎客模式"，所以并不适合使用智能门锁联动，最好是在有需要的时候使用语音控制或者智能情景面板。这里，我们以语音控制为例，看一下该如何实现"迎客模式"。

（1）连接设备至智能家居系统

按照产品使用指引，将灯具和音箱连接到智能家居系统。

（2）设置灯具的分组

将射灯编为一组，天花板灯带编为两组：靠近走廊尽头的灯带（比如天花板两侧各 3 m）是紫光区，靠近门口的灯带（比如天花板两侧各 2 m）是橘黄光区。

（3）添加语音控制指令以及灯具控制规则

这里以小米智能音箱设置为例，如图 5.41 所示，打开"小爱同学"App，添加训练。首先，自定义语音指令，如"来客人了"等。然后，将灯具的照明规则通过"设备控制"添加进去。

图 5.41 "迎客模式"的语音控制指令以及灯具控制规则（图片来源：小爱同学 App）

5.5 品茗模式——古典与现代的艺术碰撞

茶文化是中国传统文化的重要组成部分，有上千年的历史。自古以来，茶备受我国人民喜爱和推崇。俗话说："开门七件事，柴米油盐酱醋茶"。可见，茶在人们生活中具有很重要的地位。在唐朝时期出现的茶馆也为现代茶室空间设计提供了可参考的依据（图5.42）。茶室空间的照明设计作为现代设计的重要组成部分，不仅要符合现代潮流，体现时代特点，还要营造出能够体现茶文化的意境，通过自然元素和传统文化元素的运用，分析和研究如何使用灯光对现代茶室空间进行意境营造，能够更加符合现代人的审美需求和精神追求。

图 5.42 "品茗模式"场景

5.5.1 解密经典茶室照明设计

1. 打造空间层次感与视觉焦点

茶室空间讲究沉静、内敛，其灯光照度比其他家居空间要低，例如比客厅和餐厅的空间照度低20%～50%（图5.43）。整体空间照度低意味着局部照明在茶室空间中非常重要。因为茶室空间低照度的营造也是为了和局部照明形成明暗对比。

在茶室中，重点的视觉中心区域及陈列、展示区域需要加强照明，以衬托空间的主题。例如，墙面有字画陈设时，为了突出其装饰性，专门有对应的射灯进行局部的重点照明。此时，高照度、高色温是为了更好地表现陈设品的率真本性。有时，重点照明形成连续性，可以起到引导视线的作用，高照度、低色温灯光的连续使用，可体现茶室空间温馨、

图 5.43 茶室的局部照明设计（图片来源：Yeelight 易来）

柔和的氛围。

2. 营造氛围与创造意境

照明不仅能为空间提供光亮，还能借助灯光的明暗、虚实、动静等不同的设计手段，强化空间氛围、增强艺术感。同时，"见光不见灯"的独特处理方式，不但可以对居室起到锦上添花、画龙点睛的作用，还可以使灯光脱离灯具实体的限制，与室内空间的形、色合为一体。

使用艺术手段配合照明设计，可以让照明场景具有较强的艺术性。同样，为了塑造空间的感觉，可以使用氛围性灯具。比如，家人、情侣在晚间品茶、谈天时，为了让环境更加温馨、融洽，可以使用壁灯、蜡烛或者落地灯等氛围性灯具；为了让空间中的画作、盆景等艺术品和装饰品更具观赏性，可以使用投射灯等做重点照明，在不知不觉中把人的视线吸引过去（图5.44）。

图 5.44　打造茶室艺术氛围（图片来源：Pexels）

5.5.2　复制经典茶室照明设计的要诀

1. 品茗模式：无事偶来成独坐，落花风度煮茶声

茶室的主要功能是品茶，可独享香茗，可与三五知己共饮。如图5.45所示的品茗模式的灯光效果，其射灯的色温和亮度都较低。另外，如果使用吸顶灯做主灯，亮度要视空间大小而定。空间太大而亮度太低时，空间照度的均匀性就不能保证。但是，使用射灯时，射灯会均匀分布在空间中，照度均匀性就易保证。在图5.46中，吸顶灯要比射灯

稍亮（射灯亮度 50%，吸顶灯亮度 70%），在保证空间照度充足的前提下，又不会破坏空间的氛围。

色温：射灯 2700K
亮度：射灯 50%

图 5.45 "品茗模式"的灯光效果图和照度伪色图

色温：吸顶灯 2700K
亮度：吸顶灯 70%

图 5.46 入门版"品茗模式"的灯光效果图和照度伪色图

2. 休闲模式：枕上诗书闲处好，门前风景雨来佳

　　除了品茶，茶室另外的功能就是日常休闲，如读书、写字、下棋等。在这些场景下，人们需要的空间亮度比"品茗模式"稍高，以保证休闲活动时有亮度适宜的环境光，避免造成眼疲劳。另外，如图 5.47 所示，在字画、艺术品上方有射灯直接照射，与周围环境光亮度形成对比，可凸显展示物。但是要注意展示物的材质，是否适合直接照射。有些文物会因为周围环境的湿度、温度、氧气和光照条件等而发生变化（褪色、氧化等）。有些展示物的材质脆弱，当光照射在它的表面时，其已经开始产生微弱的变化，长时间照射或者过量照射都会对其产生破坏性的影响。图 5.48 为入门版"休闲模式"的灯光效果图和照度伪色图。

照明设计与应用

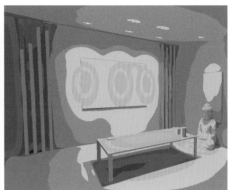

色温：射灯 3000K

亮度：射灯 100%

图 5.47 "休闲模式"的灯光效果图和照度伪色图

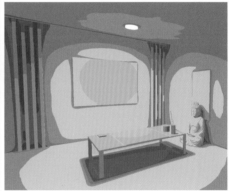

色温：吸顶灯 3000K

亮度：吸顶灯 100%

图 5.48 入门版"休闲模式"的灯光效果图和照度伪色图

5.5.3 一步一步，轻松打造家庭茶室

第一步：设计灯具点位

茶室的灯具点位设计十分简单，以图 5.47 的灯光效果图为例：可以仿照客厅的照明设计，在天花板设计两个射灯灯位来照亮桌子；在有装饰物和装饰画的地方，也可根据个人喜好设计射灯灯位。其他照明设计要素要依茶室空间面积和装修风格而定。

第二步：选购灯具

根据图 5.47 的灯光效果，可以应用表 5.7 所示的茶室射灯。如果想安装吸顶灯，可以考虑选择表 5.8 的吸顶灯。

表 5.7 "品茗模式"灯具

灯具名称	灯具尺寸（mm）	功率（W）	色温（K）	光束角（°）	数量（个）	灯具图片
嵌入式圆形射灯	ϕ 93 × 73.5	10	2700 ~ 6500	36	6	

资料来源：Yeelight 易来。

表 5.8 入门版"品茗模式"灯具

灯具名称	灯具尺寸（mm）	功率（W）	色温（K）	灯具图片
智能 LED 吸顶灯	ϕ 450	32	2700 ~ 6500	

资料来源：Yeelight 易来。

第三步：设置照明规则和智能联动规则

这一步，以射灯版茶室为例，介绍如何在智能家居控制系统 App 中配置"品茗模式"和"休闲模式"。吸顶灯的配置十分简单，可以参考以下配置步骤。

（1）连接设备至智能家居系统

按照产品使用指引，将灯具连接到智能家居系统。

（2）设置灯具的分组

如果是使用射灯，可以将其编为一组，方便进行统一设置和控制。

（3）配置灯组的色温和亮度

分别配置灯组在"品茗模式"和"休闲模式"下的色温和亮度（图 5.49）。可以滑动亮度调节条和色温调节条来调节灯光至舒适的状态。

灯组
亮度50%|色温2700k

关闭

灯组
亮度100%|色温2994k

关闭

品茗模式   休闲模式

图 5.49 茶室"品茗模式"和"休闲模式"照明配置规则（图片来源：米家 App）

5 智能照明设计与应用——氛围篇

附录　智能照明问与答

1. 什么是智能照明设计?

智能照明是指利用物联网技术、有线或无线通信等技术组成的照明控制系统,可实现对照明设备的智能化控制。智能照明系统需具备灯光亮度调节、色温调节、灯光软启动、定时控制、场景设置等诸多功能。智能照明设计就是将智能照明系统应用在照明设计场景中,是软硬件技术与设计艺术的完美融合。智能照明设计作为一门新兴学科,是未来照明设计的新趋势。家居智能照明系统也是智能化生活的新潮流。

2. 智能照明可以应用在哪些地方?

智能照明应用范围广泛,大到城市照明系统,小到家庭照明都有它的身影。城市智能照明系统是未来智慧城市的核心子系统,其整合了路灯、隧道灯、景观灯、商业照明等系统,统一平台管理,进一步打造智慧城市云系统。家庭是智能照明的另一个重要应用场景,也是其最广泛的应用场景。作为智能家居的重要组成部分,智能照明为家家户户带来了更个性化的灯光体验,每个家庭都可以根据自己的不同需求定制属于自己的专属灯光模式,增添生活仪式感,提升生活品质。

3. 智能照明与传统照明相比,有哪些优势?

传统照明一般只能实现开、关操作,或者有限的色温、亮度调节。如果住宅面积较大,将无法实现全开、全关等操作。另外,开关受布线的影响,无法随意安置,而且安装灯具多了,墙上开关就多了,影响美观。相较于传统照明,智能照明有着更多的优势,其可以实现灯光无级的亮度、色温调节、灯光软启动、定时控制、场景设置等功能,也可以设置全自动调光,让光跟随自然光的变化以及人体生物节律自动变化。智能照明在特定的时间给特定的地方照明,可减少浪费,达到节能的目的。而选择智能无线开关,可不再受布线的限制,让使用更加方便灵活。

4. 智能照明系统只有灯吗?

在智能照明系统中,除了智能灯具之外,还有其他联动设备,包括但不限于语音音箱、电动窗帘、人体传感器、智能门锁、手机等,它们都属于智能照明系统的范畴。因为智能控制系统接口的开放性,未来将会有更多的智能联动设备加入其中,进一步丰富智能照明系统。用户可以根据自己的喜好和实际情况预设智能场景,在使用时,所有与智能灯具相关的智能设备(传感器、音箱、屏幕等)都会同时联动,实现智能场景效果。

5. 什么是情景智能联动?

"无联动,不智能",智能联动方案是实现智能家居场景体验的关键。常见的智能照明联动方案,是智能灯具搭配人体传感器、门窗传感器等,与其他智能家居产品(智能音箱、智能门锁、智能窗帘等）进行联动。例如，在本书"回家模式"的智能照明场景设计中，就是将门锁与灯具和音箱联动，当我们回家打开家门时，从玄关到客厅的灯依次亮起，语音音箱播报"欢迎回家"，这就是为"回家"这一活动设计的智能联动方式。

6. 智能照明灯具的控制方式有哪些？

智能照明灯具除了可以通过手机 App 控制外，还可以通过智能调光开关、控制面板、遥控器、语音音箱等设备控制。从人机交互方面考虑，智能照明灯具的人机交互方式具有多样性、灵活性、便利性等优势。用户可以根据实际的使用习惯和人群特点选择搭配不同的控制方式。并且因为智能控制系统接口的开放性，未来将会有更多的控制方式出现。

7. 智能照明产品是不是很昂贵？

智能照明产品价格并不是很昂贵。随着物联网技术日益发展成熟，智能照明正在快速地走进千家万户。用户有不同价位的产品可以选择，既可以选择满足基础的需求的产品，也可以选择专业性强的高价位产品。此外，全屋智能照明产品的价格主要取决于用户的居住面积。如果用户居住房屋面积较大，对智能联动产品的需求较多，价格就相对高；若用户居住面积较小，对智能联动产品的需求较少，价格就会相对较低。

8. 智能照明产品使用有难度吗？操作会不会很复杂？

智能照明产品的使用难度很低，如果是使用全屋智能照明设计服务，在前期智能灯具安装调试阶段，智能照明设计师全程参与服务，并会根据使用者的需求配置智能场景，一对一服务保证用户完全掌握产品的性能和使用方式。在产品使用阶段，用户一般通过墙控开关、手机 App、语音音箱等控制智能灯具，多种方式操作便捷、简单易懂。用户还可以查看智能照明产品的使用说明书或者说明视频，一步实现从入门到精通。

9. 智能照明产品安装会不会很复杂？

大多数产品安装十分便捷，可以开箱即用。目前安装最便捷的智能照明产品是采用 BLE Mesh 无线传输协议的智能照明系统，它将传统照明设计依赖的有线控制转变成无线控制。无线控制方式可以免去大量开槽和布线的工作，可将有线控制方式的施工和调试时间从几天压缩到几个小时。安装时，扫描每个灯位对应灯具的二维码后，将灯具装入灯位即可。接下来在智能照明设计师的协助下配置智能场景，所有工作完成后就可以使用灯具了。

10. 智能照明产品是否更耗电？

智能照明产品的待机功率一直是一个无法忽视的问题。以往智能照明产品的待机功率普遍较高，但得益于目前超低智能待机功耗技术，有些智能灯具的待机功率低至 0.1 W，在保证智能功能的同时，真正做到了智能又环保。目前低功耗蓝牙技术，可以很大程度优化灯具使用时的功耗，超低功耗智能照明系统也将成为未来智能照明的主要发展趋势之一。

图书在版编目（CIP）数据

照明设计与应用 / 姜兆宁，刘达平著 . —— 南京 ：
江苏凤凰科学技术出版社，2020.8
ISBN 978-7-5713-1227-5

Ⅰ . ①照… Ⅱ . ①姜… ②刘… Ⅲ . ①室内照明－照
明设计 Ⅳ . ① TU113.6

中国版本图书馆 CIP 数据核字 (2020) 第 117114 号

照明设计与应用

著　　　者	姜兆宁　刘达平
项目策划	凤凰空间 / 翟永梅
责任编辑	赵　研　刘屹立
特约编辑	翟永梅

出版发行	江苏凤凰科学技术出版社
出版社地址	南京市湖南路 1 号 A 楼，邮编：210009
出版社网址	http://www.pspress.cn
总　经　销	天津凤凰空间文化传媒有限公司
总经销网址	http://www.ifengspace.cn
印　　　刷	天津图文方嘉印刷有限公司

开　　　本	787 mm×1 092 mm　1/16
印　　　张	10
字　　　数	200 000
版　　　次	2020 年 8 月第 1 版
印　　　次	2020 年 8 月第 1 次印刷

标准书号	ISBN 978-7-5713-1227-5
定　　　价	68.00 元

图书如有印装质量问题，可随时向销售部调换（电话：022-87893668）。